Jürgen Kasedorf Sicherheitselektronik im Kraftfahrzeug

Jürgen Kasedorf

Service-Fibel für die Sicherheitselektronik im Kraftfahrzeug

VOGEL Buchverlag Würzburg

Zur Fachbuchgruppe
«Service-Fibel für die Kfz-Elektronik»
gehören folgende Themenbände:

Grundlagen	ISBN 3-8023-0335-0
Sicherheitselektronik	ISBN 3-8023-0337-7
Antriebselektronik	ISBN 3-8023-0338-5
Kommunikationselektronik	ISBN 3-8023-0340-7
Komfortelektronik	ISBN 3-8023-0339-3

CIP-Kurztitelaufnahme der Deutschen Bibliothek

Kasedorf, Jürgen:
Service-Fibel für die Sicherheitselektronik im
Kraftfahrzeug / Jürgen Kasedorf. – 1. Aufl. –
Würzburg: Vogel, 1987.
(Vogel-Fachbuch: Technik: Service-Fibel)
ISBN 3-8023-0337-7

ISBN 3-8023-0337-7
1. Auflage. 1987
Alle Rechte, auch der Übersetzung, vorbehalten.
Kein Teil des Werkes darf in irgendeiner Form
(Druck, Fotokopie, Mikrofilm oder einem anderen
Verfahren) ohne schriftliche Genehmigung des
Verlages reproduziert oder unter Verwendung
elektronischer Systeme verarbeitet, vervielfältigt
oder verbreitet werden.
Printed in Germany
Copyright 1987 by Vogel-Buchverlag Würzburg
Herstellung: Alois Erdl KG, Trostberg

Vorwort

Dieser Themenband der Fachbuchgruppe «Service-Fibel für die Kfz-Elektronik» beschäftigt sich ausschließlich mit Einrichtungen und Systemen im Kraftfahrzeug, die zur Erhöhung der Sicherheit von Fahrer, Insassen und anderen Verkehrsteilnehmern beitragen. Zu Recht ist der Bereich der passiven und aktiven Fahrzeugsicherheit im Interesse des Autokäufers immer stärker in den Vordergrund gerückt. Welche Auswirkungen sinnvolle Sicherheitseinrichtungen im Straßenverkehr mit sich bringen, hat die Einführung eines Bußgeldes für Gurtmuffel gezeigt: Die Zahl der bei Verkehrsunfällen Verletzten und Getöteten ging rapide zurück.

Bei der Verwirklichung des sicheren Autos greifen die Hersteller – wie in vielen anderen Bereichen auch – auf die Hilfe der Elektronik zurück, mit der traditionelle Sicherungssysteme weiter verbessert werden können oder sich Konzepte verwirklichen lassen, die ohne die Elektronik undenkbar wären. So konnte mit dem Airbag und dem Gurtstrammer der mechanische Sicherheitsgurt verbessert werden. Das Antiblockiersystem ABS wurde erst mit der Elektronik möglich. Hinzu kommt eine Vielzahl von Überwachungs- und Selbstdiagnose-Systemen, die die ständige Betriebsbereitschaft einzelner Fahrzeugkomponenten und damit die Fahrsicherheit überwachen.

Fehlersuchprogramme zu den einzelnen Kapiteln geben dem Werkstattpraktiker die nötigen Hinweise bei der Fehlersuche, die durch spezielle Prüfgeräte vielfach erheblich vereinfacht werden konnte.

Verzichtet wurde dagegen in diesem Band auf die Darstellung allgemeiner elektronischer Abläufe. Hier verweisen wir auf die Service-Fibel «Kfz-Elektronik Grundlagen».

Berlin   Jürgen H. Kasedorf

Inhaltsverzeichnis

	Vorwort	5
1	**Informations- und Überwachungssysteme für Fahrzustände, Betriebsstoffe und Verschleißteile**	9
1.1	Elektronische Impulsgeber	9
1.1.1	Blinkgeber	9
1.1.1.1	Aufbau und Funktion	9
1.1.1.2	Blink-Kontrollschaltungen	13
1.1.2	Intervallschalter für Scheibenwischanlagen	15
1.1.2.1	Einfacher Intervallschalter	15
1.1.2.2	Intervallschalter mit Trockenwischautomatik (Wisch-Wasch-Anlage)	17
1.3	Pumpen für Scheibenwaschanlagen	18
1.3.1	Beheizte Waschdüsen	19
1.3.2	Waschwassersignal	24
1.4	Tonfolgeschalter	25
1.5	Auslösegeräte für Rückhaltegeräte	27
1.5.1	Airbag/Gurtstrammer	28
1.5.1.1	Verschrotten von Airbag- und Gurtstrammer-Einheiten	34
1.6	Leuchtweite-Regelung	37
1.6.1	Leuchtweite-Regelung beim Audi 200	38
1.6.2	Die Scheinwerfereinstellung und Fehlersuche	41
1.7	LCD-Elektronik-Instrument	43
1.7.1	Sprechende Kontrollsysteme zur Überwachung von Fahrzeugfunktionen	59
2	**Eigendiagnose elektronischer Systeme**	63
2.1	Fahrzeug-Systemdiagnose am Beispiel VW/Audi	63
2.2	Selbstdiagnose am Audi 200 turbo mit 2,2-l-Einspritzmotor	66
2.3	Selbstdiagnose bei elektronischen Benzineinspritzsystemen und Motorsteuerungen	67
2.3.1	Fehlersuchtabelle – Selbstdiagnose-System	67
2.3.2	Honda-PGM-FI-Tester	72
2.3.3	Prüfprogramm für den Honda-PGM-FI-Tester	74

3	**Elektronische Steuerung von Antiblockiersystemen (ABS)**	77
3.1	ABS bei Opel	79
3.2	ABS bei VW und Audi	120
3.3	ABS im Citroen CX 25 GTI Turbo	143
3.4	ABS des Mitsubishi Galant 2000 Turbo ECI	160
3.5	Das Ate-ABS MK II des Ford Scorpio	162
3.6	Wabco-ABS im Porsche 959	171
4	**Diebstahl-Sicherungssysteme**	173
4.1	Bosch- und Hella-Autoalarm-Systeme	173
4.2	Bosch-Autoalarm 1 und Hella Autoalarm A	174
4.3	Bosch-Autoalarm 2 bzw. Hella Autoalarm B	174
4.4	Zusatz- und Erweiterungsanlagen zum Basis-Autoalarm	177
4.5	Der elektronische Rad- und Abschleppschutz	177
4.5.1	Funktionsweise	178
4.6	Ultraschall-Innenraumschutz	178
4.6.1	Funktionsweise	179
4.7	Alarmanlage für Motorräder	182
5	**Radar-Abstandswarnung und -regelung**	183
5.1	Range-Master-Einparkhilfe	183
	Stichwortverzeichnis	187

1 Informations- und Überwachungssysteme für Fahrzustände, Betriebsstoffe und Verschleißteile

Unsere modernen Fahrzeuge sind schneller, zuverlässiger und sicherer geworden. Gleichzeitig hat die allgemeine Motorisierung der Bevölkerung zu einer starken Zunahme des Fahrzeugbestandes geführt. Während es in den Anfangsjahren des Automobils ausreichte, technische Funktionen des Fahrzeugs durch Beobachten und Hören zu überwachen und individuelle Wünsche wie Fahrtrichtungswechsel oder Bremsvorgänge mittels Hand anzuzeigen, sind die Anforderungen an Informations- und Überwachungssysteme gerade im letzten Jahrzehnt besonders gewachsen.

So kommt der Fahrerinformation, aber auch der Information aller übrigen Verkehrsteilnehmer heute ganz besondere Bedeutung zu.

1.1 Elektronische Impulsgeber

1.1.1 Blinkgeber

1.1.1.1 Aufbau und Funktion

Die Kfz-Hersteller bestücken ihre Fahrzeuge fast ausnahmslos mit elektronischen Blinkgebern, die den thermischen in vielem voraus sind. Folgende Vorteile lassen sich nennen:

- hohe Lebensdauer
- große Betriebssicherheit
- hohe Temperaturunabhängigkeit
- Stoßunempfindlichkeit
- nahezu versorgungsunabhängig und kurzschlußsicher

Die große Belastbarkeit elektronischer Blinkgeber ermöglicht auch die Funktion aller Blinkleuchten gleichzeitig, so daß sie ausnahmslos als sogenannte Warnblinkgeber ausgelegt sind. Es kann mit ihnen sowohl ein Richtungsblinken als auch ein Warnblinken erfolgen. Der elektronische Warnblinker besteht aus:

- Blinkrelais
- Taktgeber (Multivibrator)
- Kontrollstufe

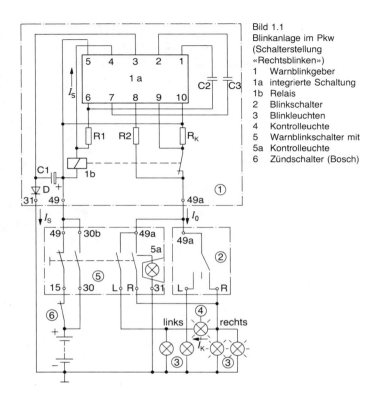

Bild 1.1
Blinkanlage im Pkw
(Schalterstellung
«Rechtsblinken»)
1   Warnblinkgeber
1a integrierte Schaltung
1b Relais
2   Blinkschalter
3   Blinkleuchten
4   Kontrolleuchte
5   Warnblinkschalter mit
5a Kontrolleuchte
6   Zündschalter (Bosch)

In Bild 1.1 ist der Schaltplan einer Blinkanlage dargestellt, wie sie vornehmlich in Personenkraftwagen verwendet wird. Hierbei sind Warnblinkgeber, Blink- und Warnblinkschalter sowie Blinkleuchten und Kontrollampen zu Funktionsgruppen zusammengefaßt.

Durch die StVZO sind Blinkfrequenz, Blinkhellzeit sowie die Anzeige eines Blinkleuchtenausfalls vorgeschrieben. Ferner muß aus Gründen der Verkehrssicherheit das Blinken mit der Hellphase beginnen. Das Ein- und Ausschalten des Stromes für die Blinkleuchten übernimmt das Blinkrelais. Einen Schalttransistor läßt man diesen Vorgang nicht ausführen, weil in diesem besonderen Fall die Verwendung eines Transistors ungünstiger wäre. Denn die Drahtwendel einer

Kfz-Glühlampe ist ein elektrischer Widerstand mit PTC-Eigenschaft, also ein typischer Kaltleiter, dessen Leitvermögen mit steigender Temperatur rasch abnimmt.

Im Augenblick des Einschaltens ist der Widerstand relativ niedrig, es fließt kurzzeitig ein sehr starker Strom, der dem Transistor schaden könnte. Eine Schutzschaltung für den Transistor wäre jedoch zu aufwendig, und so bleibt man beim Blinkrelais, das mit etwa 100 Ω Wicklungswiderstand für Einschaltstromspitzen bis zu 100 A ausgelegt ist. Normal träge Schmelzsicherungen geben dem Relais die 10fache Stromwärme, deren Abführung ein entsprechendes Gehäuse in der Größe des Blinkrelais übernehmen müßte. Man erkennt an diesem Beispiel, daß es heutzutage durchaus noch Situationen gibt, die den Einsatz von Relais neben kontaktlosen elektronischen Schaltern rechtfertigen. Der Widerstand R1 und der Kondensator C2 bilden das zeitbestimmende RC-Glied für die Blinkfrequenz von etwa 90 Doppelschaltungen je Minute. Die Kondensatoren C1 und C3 bauen Spannungsspitzen ab, die in der Relaiswicklung beim Unterbrechen des Blinkstromes auftreten oder von anderen induktiven Verbrauchern im Bordnetz stammen. C1 und C3 schützen somit den IC vor Überspannung. Die Diode D schützt vor Verpolung und ist deshalb in Sperrichtung geschaltet; es kann also kein Strom in verkehrter Richtung fließen. Der als integrierte Schaltung ausgeführte Multivibrator hat 10 Anschlüsse und ist ein in der Elektronik vielseitig verwendbarer Schalter. Er gibt, wie alle Multivibratoren, Stromimpulse in Rechteckform ab. Blinkgeber besitzen einen astabilen Multivibrator, der den Relaissteuerstrom stetig ein- und ausschaltet. So entstehen die im Bild 1.2 gezeigten Stromimpulse der Stärke T_s, mit denen das Blinkrelais angesteuert wird. Diese schalten den Blinkstrom T_0 im selben Rhythmus ein und aus. Die Impulsdauer I_i entspricht der Hellzeit der Blinkleuchten, die Pausendauer I_p der Dunkelzeit. Im einzelnen hat der Blinkmultivibrator folgende Funktionen:

☐ Blinktaktvorgabe
☐ Blinkbeginn mit der Hellphase
☐ Leistungsanpassung der Schaltendstufe an das Blinkrelais

Vor dem Ausgang des Multivibrators übernimmt ein Schalttransistor die leistungsmäßige Anpassung des Multivibrators an das Blinkrelais, außerdem ist der IC mit einer Spannungsstabilisierung ausgestattet, die die Versorgungsspannung des Blinkgebers auch dann konstant hält, wenn die Bordnetzspannung Werte zwischen 9 und 15 V annimmt. Nachdem nun Aufbau des Blinkgebers und Arbeitsweise des Multivibrators dargestellt sind, soll die Funktionsweise der gesam-

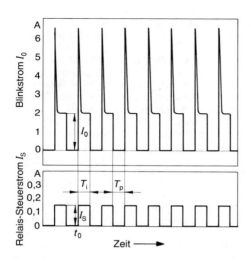

Bild 1.2
Stromimpulse von Multivibrator und Blinkrelais (Bosch)
T_i Impulsdauer (Hellzeit)
I_p Impulspause (Dunkelzeit)
t_0 Einschaltzeitpunkt

ten Blinkanlage geschildert werden. Bei eingeschalteter Zündung liegt die Batteriespannung über Anschluß 10 (+) und 3 (−) am IC. Der Kondensator C2 wird dabei über die Relaiswicklung und den hochohmigen Widerstand R1 aufgeladen: Sobald nun der Blinkerschalter 2 oder der Warnlichtschalter 5 eingeschaltet wird, ist der IC-Anschluß 8 über Widerstand R2 und die Drahtwendel der Blinkleuchte kurzzeitig mit Masse verbunden: Der Multivibrator wird dadurch getriggert; der Leistungstransistor schaltet ein, und das Relais zieht an. Jetzt liegen die betreffenden Blinkleuchten über die Klemmen 49a und 49 an Batteriespannung und leuchten. Damit ist auch die Forderung nach Hellzeitbeginn erfüllt.

Während der Hellzeit T_i entlädt sich C2 über R1 und über die IC-Anschlüsse 4 und 1. Über Anschluß 6 gelangt das Plus-Potential des Kondensators C2 zum Multivibrator, der den Relais-Steuerstrom I_s sofort sperrt, sobald die Kondensatorspannung einen gewissen Schwellenwert unterschreitet.

Das Relais fällt ab, die Dunkelzeit beginnt (Impulspause T_p). Die Zeitkonstante $R_1 \cdot C_2$ bestimmt sowohl die Hellzeit T_i als auch die Dunkelzeit T_p. Integrierte Widerstände bestimmen auch das Tastverhältnis $V = T_i : T_i + T_p$.

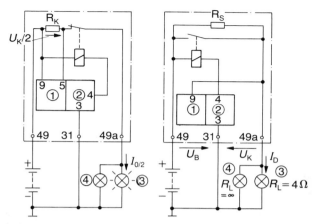

Bild 1.3 Vereinfachte Darstellung von Hellzeit-Kontrolle und Dunkelzeit-Kontrolle (Bosch)

1.1.1.2 Blink-Kontrollschaltungen

Die Blinkkontrolle ist im wesentlichen eine Sichtkontrolle mit Hilfe einer oder mehrerer Kontrollampen, die im Blinktakt aufleuchten. Dabei kann die Kontrollampe gleichphasig oder auch gegenphasig zur Blinkleuchte geschaltet sein. Zudem hat der Fahrer auch eine akustische Kontrolle über das Relaisklicken. Dennoch muß, um die Verkehrssicherheit zu gewährleisten, auch eine Funktionskontrolle aller Blinkleuchten möglich sein. Das heißt, es muß auch angezeigt werden, wenn bereits eine Blinkleuchte ausgefallen ist. Dies wird erreicht durch:

☐ erhöhte Blinkfrequenz (Pkw)
☐ Dunkelbleiben der Kontrollampe (Lkw)
☐ Kombination beider Anzeigemöglichkeiten

Frequenzerhöhung bei Hellzeit ist eine Kontrollmöglichkeit, die vorwiegend bei Pkw ohne Anhänger angewandt wird. Die Kontrollstufe 1 erhält über die IC-Anschlüsse 5 und 9 während der Hellzeit eine Kontrollspannung U_K. Wenn der Blinkstrom I_0 fließt, ist dieses Spannungssignal gleich dem Spannungsabfall am Kontrollwiderstand R_K; es ist also:

$U_K = I_0 \cdot R_K$

Der Kontrollwiderstand ist mit ca. 30 mΩ sehr klein gehalten, damit auch der Spannungsabfall möglichst klein bleibt. Fällt eine Blinkleuchte aus, so ist der Blinkstrom nur halb so stark ($I_0/2$). Die Kontrollstufe erhält entsprechend nur die halbe Kontrollspannung ($U_K/2$).

Die Folge ist, daß nun integrierte Ladewiderstände parallel zum Außenwiderstand R1 geschaltet werden und so die Zeitkonstante $R_1 \cdot C_2$ auf etwa die Hälfte verkürzen. Das aber bedeutet Verdopplung der Blinkfrequenz als Warnsignal für den Blinkleuchtenausfall. Das charakterisierende Merkmal der Hellzeitkontrolle ist das Überwachen des Blinkstromes I_0.

Frequenzerhöhung bei Dunkelzeit

Auch während der Dunkelzeit (Relais offen) fließt durch den Überbrückungswiderstand R_S ein schwacher Dunkelstrom I_D zum betreffenden Blinkleuchtenpaar. Da I_D aber nur etwa 5% des Blinkstroms I_0 beträgt, glühen die Leuchten nicht. Mit der Batteriespannung U_B und dem Gesamtwiderstand beider Blinkleuchten R_G ergibt sich ein Dunkelstrom $I_D = U_B : R_S + R_G$ und die Kontrollspannung $U_K = R_L/2 \cdot I_D$.

Die Kontrollspannung wird dem Multivibrator zugeführt, der mit normaler Blinkfrequenz schaltet. Ist eine Leuchte ausgefallen (R_L gegen unendlich), so fließt der Dunkelstrom nur noch über die intakte Drahtwendel. An ihr fällt eine Spannung von $U_K = R_L \cdot I_D$ ab. Die Kontrollspannung ist nach Ausfall einer Lampe also doppelt so hoch und bewirkt, daß der Multivibrator mit doppelter Frequenz schwingt und das Blinken entsprechend steuert. Das charakterisierende Merkmal der Dunkelzeitkontrolle ist das Überwachen des Widerstandes R_L.

Dunkelbleiben der Kontrollampe bei Leuchtenausfall ist überwiegend bei Lkw als Kontrollmethode zu finden. Es sind hierfür drei Kontrollampen mit je einer Kontrollstufe erforderlich. Die Kontrollstufe, die am Widerstand R_K ihr Kontrollsignal U_I erhält, ist direkt mit der Kontrollampe verbunden und beeinflußt den Multivibrator nicht. Der Multivibrator ändert daher beim Ausfall einer Blinkleuchte seine Frequenz nicht.

Bild 1.4 zeigt das Funktionsschema einer derartigen Kontrollschaltung bei einem Lkw mit zwei Anhängern. Sind alle Blinkleuchten intakt, so brennen und verlöschen alle Kontrollampen im Blinktakt. Bleibt beispielsweise eine Kontrollampe dunkel, dann ist entweder eine Blinkleuchte ausgefallen, oder der zweite Anhänger fehlt.

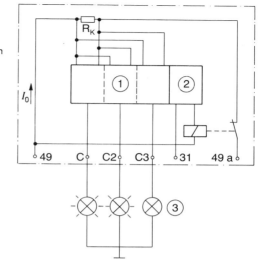

Bild 1.4
Blinkkontrolle beim
Lkw mit zwei
Anhängern
1 Drei Kontrollstufen
2 Multivibrator
3 Kontrolleuchten
(Bosch)

1.1.2 Intervallschalter für Scheibenwischanlagen

1.1.2.1 Einfacher Intervallschalter

Die Vorteile eines Scheibenwischer-Intervallbetriebs bei geringem Regen oder Nebel dürften hinreichend bekannt sein. Außerdem ist ein erhöhter Verschleiß der Wischblätter bei Trockenlauf, verbunden mit unangenehmen Geräuschen, zu verzeichnen. In fast allen Serien-Pkw ist heute zumindest eine einstufige Intervallautomatik neben den festen Wischstufen eingebaut. Für die Nachrüstung gibt es mehrstufige Intervallschalter. Dabei ist der Zeittaktgeber ein astabiler Multivibrator, ähnlich dem des Blinkgebers, nur leichter überschaubar, da eine Kontrolleinrichtung nicht notwendig ist. Jeder Impuls, mit der der Wischermotor über ein Relais angesteuert wird, bewirkt ein einmaliges Hin- und Herbewegen der Scheibenwischer. Die Wischpause ist zwischen 2 und 30 s, z.B. fünfstufig, einstellbar.

Während der Blinkgeber Stromimpulse konstanter Frequenz an das Blinkrelais weitergibt, erzeugt der Intervallschalter Impulse, deren Pausendauer I_p als Wischintervall in den angegebenen Grenzen einstellbar ist. Daher kommt es auf die spezielle Wahl des zeitsteuernden RC-Glieds an. Es setzt sich aus den Widerständen R5 bis R9 und dem

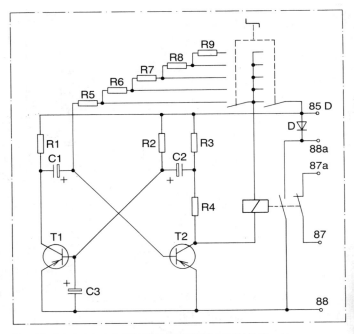

Bild 1.5 Schaltplan eines Wischintervallschalters für 24 V (Bosch)

Kondensator C1 zusammen. C1 ist ein Elektrolytkondensator mit einer Kapazität von ungefähr 500 µF. Betätigt man den Schalter, so werden diesem Kondensator die fünf Widerstände stufenweise in Reihe geschaltet. R5 ist mit ca. 30 kΩ der niedrigste, R9 mit fast 300 kΩ der höchste Widerstand dieses intervallsteuernden RC-Glieds. Die Widerstandsstufen verhalten sich wie die Zeitstufen des Wischintervalls. Die Impulsdauer T_i ist durch die Zeitkonstante $R_2 \cdot C_2$ gegeben und beträgt etwa 0,5 s. Das Relais schaltet über Anschlußklemme 88a den Motor für 0,5 s ein. Da diese Zeit kürzer ist als eine Wischperiode, bewirkt der Umsteuerschalter am Wischermotor, daß sich die Scheibenwischer so lange bewegen, bis sie in ihre Ausgangsstellung zurückgekehrt sind.

1.1.2.2 Intervallschalter mit Trockenwischautomatik (Wisch-Wasch-Anlage)

Hierbei wird das Wischen mit dem Waschen der Windschutzscheibe kombiniert. Beim Betätigen der Wasserpumpe werden die Scheibenwischer meist etwas verzögert (Vorhaltezeit 0,8 bis 1,0 s) eingeschaltet und bleiben etwa 3 bis 5 s (Nachwischzeit) in Betrieb. Trockenwischen und Intervallwischen lassen sich durch ein zentrales Gerät steuern, wobei die Trockenwischschaltung Vorrang hat. Der Wischintervallschalter mit Wisch-Wasch-Funktion besteht im wesentlichen aus einem Multivibrator und einem RC-Glied, das sowohl die Vorhaltezeit

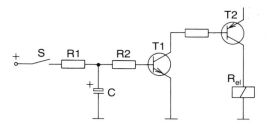

Bild 1.6 RC-Glied und Endstufe eines fremdgesteuerten Multivibrators (Bosch)
T1   Treibertransistor (npn)   S   Schalter
T2   Leistungstransistor (pnp)   Rel Relaiswicklung

als auch die Nachwischzeit steuert. Der das Relais steuernde Leistungstransistor wird mehrfach genutzt, sowohl für den Intervallbetrieb als auch für den Wisch-Wasch-Betrieb. Als Schalttaktgeber kann auch hier ein astabiler Multivibrator verwendet werden. Ebenfalls kann ein monostabiler Multivibrator, durch den Umsteuerschalter des Wischermotors fremdgesteuert (getriggert), benutzt werden. Das RC-Glied dieses Multivibrators besteht nach Bild 1.6 in der Regel aus einem Elektrolytkondensator C, einem Ladewiderstand R1 und einem Entladewiderstand R2. Für die Vorhaltezeit ist die Zeitkonstante $R_1 \cdot C$, für die Trockenwischzeit $R_2 \cdot C$ maßgebend.

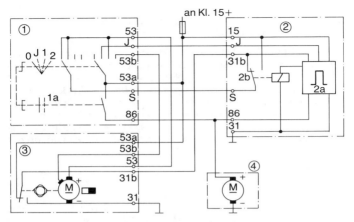

Bild 1.7 Schaltplan einer Wisch-Wasch-Anlage (Bosch)
1 Lenkstockschalter mit Schalter für Spritzpumpe (1a),
2 Wischintervallrelais
2a Multivibrator
2b Intervallrelais
3 Wischermotor
4 Spritzpumpe

1.3 Pumpen für Scheibenwaschanlagen

Aus der Vielzahl der verschiedenen Pumpensysteme haben sich für den Einsatz in Kraftfahrzeugen besonders zwei bewährt: Es sind dies die nach dem Verdrängerprinzip arbeitende Zahnradpumpe und die nach dem Zentrifugalprinzip arbeitende Flügelradpumpe.

Für den speziellen Einsatz in Scheibenwaschanlagen entwickelte VDO eine Zahnradpumpe. Sie besteht aus einem Elektromotor und einem im Gehäuse integrierten Pumpenkörper. Der Förderdruck wird von zwei miteinander kämmenden Zahnrädern, die sich im Pumpenkörper befinden, erzeugt. Dabei wird die Scheibenwaschflüssigkeit vom Eingangsstutzen an der Gehäusewand entlang zum Ausgangsstutzen gefördert. Zahnradpumpen sind Selbstansauger und dadurch bezüglich der Einbaulage und des Einbauortes unabhängig.

Auch bei der Flügelradpumpe sind der Elektromotor und der Pumpenkörper gemeinsam in einem Gehäuse montiert. Flügelradpumpen sind nicht selbstansaugend. Sie müssen deshalb mit ihrem Ansaugstutzen immer in der Höhe des Behälterbodens oder unterhalb des

Vorratsbehälters montiert werden. Nur dadurch ist sichergestellt, daß der Pumpenkörper auch nach dem Auffüllen eines leeren Behälters wieder mit Flüssigkeit gefüllt wird. Flügelradpumpen arbeiten nach dem Fliehkraftprinzip. Dabei wird die Flüssigkeit vom Flügelrad in Drehbewegung versetzt und durch den Ausgangsstutzen hindurch zur Düse hingedrückt. Der aufgrund der Fliehkraft in der Mitte des Flügelrades entstehende Unterdruck saugt dabei Flüssigkeit aus dem Vorratsbehälter an. Die von VDO entwickelte Flügelradpumpe ist systembedingt unempfindlich gegen leichte Verschmutzungen der zu fördernden Flüssigkeit.

Als Sonderausführung wird von VDO eine Flügelradpumpe als Dualpumpe hergestellt. Sie hat einen Ansaugstutzen und zwei Ausgänge. Bei der Dualpumpe ist der Pumpenraum mit einer zweiteiligen Ventilkammer versehen. Entsprechend der Drehrichtung des Flügelrades wirkt nun der höhere Druck in dem einen Teil der Ventilkammer auf eine Gummimembrane und drückt diese auf die Ausgangsbohrung der mit dem niedrigeren Druck beaufschlagten Ventilkammer. Diese wird verschlossen und dadurch nur ein Ausgang mit Flüssigkeit versorgt. Bei Umkehrung der Drehrichtung kehren sich auch die Druckverhältnisse in der Ventilkammer um. Der vorher geöffnete Ausgang wird nun verschlossen, und der bisher verschlossene Ausgang wird geöffnet.

Dadurch ist es möglich, durch einfache Umpolung des Pumpenmotors mit nur einer Pumpe aus einem Behälter wahlweise verschiedene Düsen mit Flüssigkeit zu versorgen.

1.3.1 Beheizte Waschdüsen

Ebenfalls von VDO sind zur Verbesserung der Wisch-Wasch-Qualität heizbare Düsen entwickelt worden. In der heizbaren Düse ist in der Nähe der Düsenkugel ein Kaltleiterwiderstand (PTC) angeordnet. Mit Einschalten der Batteriezündanlage fließt ein Strom über diesen Widerstand und erhitzt ihn.

Der Innenwiderstand von PTCs nimmt mit steigender Umgebungstemperatur zu bzw. mit fallender Temperatur ab. Eine automatische Anpassung der Heizleistung an die Umgebungstemperatur ist die Folge. So fließen bei Temperaturen über 0 °C nur Ströme von wenigen Milliampere, bei minus 30 °C hingegen ca. 500 mA. Aufgrund der Beheizung ist davon auszugehen, daß die Düse in Verbindung mit Frostschutzmitteln bei allen normalerweise vorkommenden Temperaturen eisfrei gehalten werden kann.

In einer anderen Ausführung stellt VDO heizbare Düsen mit integriertem Rückschlagventil her. Das Rückschlagventil verhindert sicher

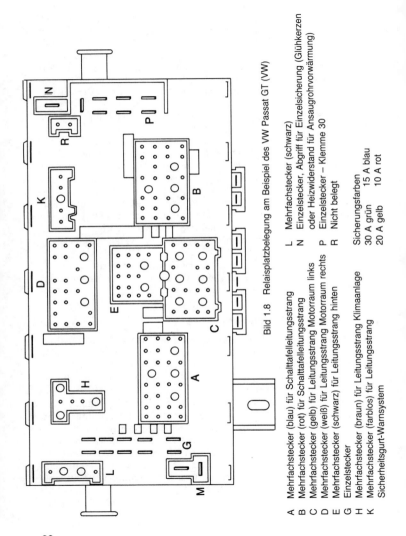

Bild 1.8 Relaisplatzbelegung am Beispiel des VW Passat GT (VW)

A Mehrfachstecker (blau) für Schalttafelleitungsstrang
B Mehrfachstecker (rot) für Schalttafelleitungsstrang
C Mehrfachstecker (gelb) für Leitungsstrang Motorraum links
D Mehrfachstecker (weiß) für Leitungsstrang Motorraum rechts
E Mehrfachstecker (schwarz) für Leitungsstrang hinten
G Einzelstecker
H Mehrfachstecker (braun) für Leitungsstrang Klimaanlage
K Mehrfachstecker (farblos) für Leitungsstrang
M Sicherheitsgurt-Warnsystem
L Mehrfachstecker (schwarz)
N Einzelstecker, Abgriff für Einzelsicherung (Glühkerzen oder Heizwiderstand für Ansaugrohrvorwärmung)
P Einzelstecker – Klemme 30
R Nicht belegt

Sicherungsfarben
30 A grün   15 A blau
20 A gelb   10 A rot

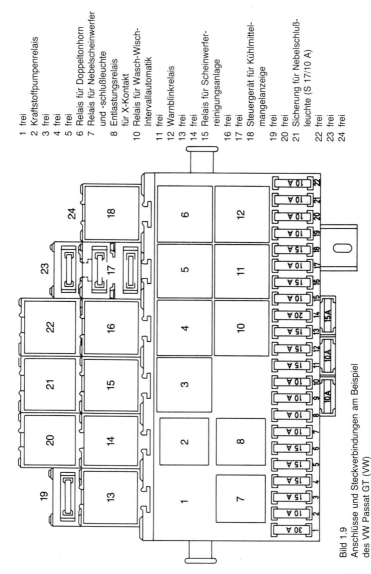

Bild 1.9
Anschlüsse und Steckverbindungen am Beispiel des VW Passat GT (VW)

1 frei
2 Kraftstoffpumpenrelais
3 frei
4 frei
5 frei
6 Relais für Doppeltonhorn
7 Relais für Nebelscheinwerfer und -schlußleuchte
8 Entlastungsrelais für X-Kontakt
10 Relais für Wasch-Wisch-Intervallautomatik
11 frei
12 Warnblinkrelais
13 frei
14 frei
15 Relais für Scheinwerferreinigungsanlage
16 frei
17 frei
18 Steuergerät für Kühlmittelmangelanzeige
19 frei
20 frei
21 Sicherung für Nebelschlußleuchte (S 17/10 A)
22 frei
23 frei
24 frei

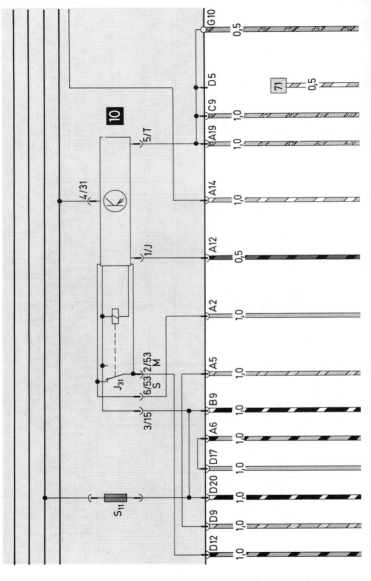

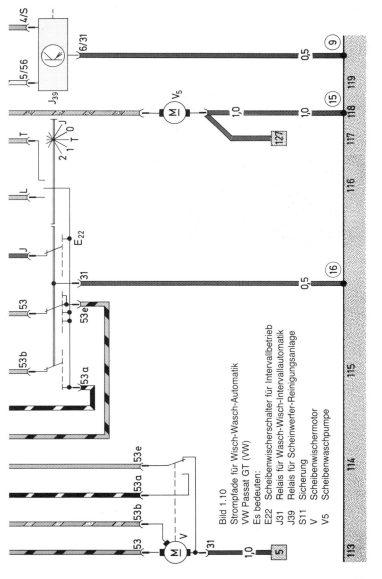

Bild 1.11
Scheinwerfer-Waschanlagen gewährleisten unter allen Witterungsbedingungen eine optimale Fahrbahnausleuchtung (DB)

das Zurücklaufen der Reinigungsflüssigkeit aus den Schläuchen in den Vorratsbehälter. Durch Integration des Rückschlagventils in die Düse wird dieses zusätzlich erwärmt und so die Funktion des Rückschlagventils auch bei großer Kälte sichergestellt.

In einer weiteren Ausführung fertigt VDO heizbare Düsen für zwei Waschprogramme. Diese Düsen verfügen über zwei Schlauchanschlüsse und zwei integrierte Rückschlagventile. Damit wird es möglich, durch einen Anschluß und eine Düse Wasser, durch den anderen Anschluß und die andere Düse Reinigungsflüssigkeit der Scheibe zuzuführen. Die Reinigungswirkung kann somit auf den jeweiligen Reinigungsbedarf abgestimmt werden. Die beiden integrierten Rückschlagventile verhindern neben dem Rücklaufen der geförderten Flüssigkeit aus den Schläuchen in den Vorratsbehälter auch das Umpumpen von Flüssigkeit von einem Behälter in den anderen.

1.3.2 Waschwassersignal

Für den nachträglichen Einbau stellt VDO eine Flüssigkeitsstand-Warnanlage für Pkw (12 V) und Lkw (24 V) her. Das System besteht aus einem Schwimmer, der am Boden des Waschbehälters nachträglich installiert wird. Bei entsprechender Abnahme des Wischwassers sinkt der Schwimmer nach unten und schließt einen elektrischen Kontakt, der über eine in der Instrumententafel installierte rot leuchtende Kontrollampe an Masse geführt wird. Mit Dauerplus wird das

System am Sicherungskasten verbunden. Die Anlagen sind zum nachträglichen Einbau gedacht und enthalten (einschließlich der Kabelklemmen, aber ausschließlich der benötigten Installationskabel) alle erforderlichen Bauelemente.

1.4 Tonfolgeschalter

Nach StVZO müssen vorfahrtberechtigte Fahrzeuge der Polizei, Feuerwehr oder Krankentransporte neben anderen Warnvorrichtungen eine akustische Alarmanlage besitzen, die abwechselnd einen tiefen und einen hohen Warnton abgibt.

Dazu gibt ein elektronischer Tonfolgeschalter an die in zwei Tonlagen (Tief und Hoch) abgestimmten Hörner eine zeitlich gestaffelte Stromimpulsfolge ab, so daß die Hörner dann abwechselnd Tief-Hoch-Töne abstrahlen. Mit diesem durchdringenden Warnsignal werden andere Verkehrsteilnehmer auf das Herannahen von Einsatzfahrzeugen aufmerksam gemacht.

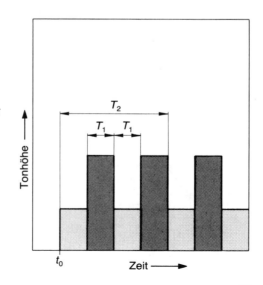

Bild 1.12
Tonfolge beim elektronischen Tonfolgeschalter (Bosch)
t_0 Beginn des Alarmsignals
T_1 Einzeltondauer
T_2 Viertonfolgedauer

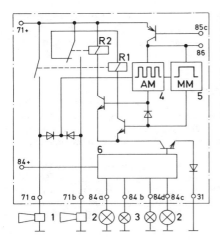

Bild 1.13
Elektronischer Tonfolgeschalter mit angeschlossenen Signalgeräten (Bosch)
1 Starktonhörner
2 Rundumkennleuchten
3 Anzeigeleuchten
4 Astabiler Multivibrator
5 Monostabiler Multivibrator
6 Überwachungsschaltung

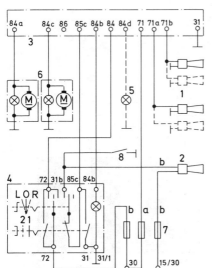

Bild 1.14
Schaltplan für eine Anlage mit Starktonhörnern und Rundumkennleuchte (Bosch)
1 Starktonhörner
2 Normalhorn
3 Tonfolgeschalter
4 Alarmschalter
5 Anzeigeleuchte
6 Rundumkennleuchte
7 Sicherungen
8 Horndrucktaster

Die akustisch-optische Warnanlage besteht aus dem elektronischen Tonfolgeschalter und dem Horndrucktaster. Als akustische Signalgeräte werden Starktonhörner Tief und Hoch verwendet, optisch wird durch eine oder mehrere Rundumkennleuchten gewarnt. Die Funktion der Anlage wird durch eine Anzeigeleuchte überwacht.

Vom elektronischen Tonfolgeschalter wird an die in Tonlage Tief/Hoch gestimmten Hörner eine zeitlich gestaffelte Stromimpulsfolge abgegeben, sobald die Alarmvorrichtung durch Betätigen des Horndrucktasters eingeschaltet wird. Da gesetzlich auch bei einer kurzfristigen Betätigung des Alarmschalters stets eine vollständige Tonfolge, bestehend aus vier Tönen, ablaufen muß, ist das Schaltgerät entsprechend auszulegen.

Die Tonfolgefrequenz wird von einem astabilen, d.h. freischwingenden Multivibrator im elektronischen Tonfolgeschalter bestimmt. Dabei beträgt die Dauer (T_1) des Einzeltons ca. 0,75 s, die Dauer (T_2) einer vollständigen Viertonfolge aufgrund dessen 4 · 0,75 s = 3 s. Die Viertonfolge bestimmt ein monostabiler, d.h. triggernder Multivibrator. Die Triggerung wird vom Alarmschalter übernommen. Alle zeitlich sich ergänzenden Stromimpulse aus dem Tonfolgeschalter gelangen zu den Starktonhörnern.

Die Auslegung der Relais ist so erfolgt, daß je nach Bedarf zwei Hörner je Tonstufe ausreichend mit Strom versorgt werden können. Für jede der beiden Tonstufen ist ein Schaltrelais vorgesehen.

In den Tonfolgeschalter sind außer den beiden Multivibratoren noch zwei Kontrollstufen eingebaut, die in ähnlicher Weise arbeiten wie die elektronischen Warnblinkgeber. Die Kontrollstufen dienen der Überwachung der Rundumkennleuchten. Der Ausfall einer Leuchte wird durch Kontrollampen angezeigt.

Die gesetzlichen Grundlagen für Warnvorrichtungen mit einer Folge verschiedener Töne sind in der StVZO § 22/1, § 52/3 und § 55/3 geregelt. Die Abstimmung und Mindestlautstärke der Hörner sowie der Ablauf der Tonfolge geht aus der DIN 14 610 hervor.

1.5 Auslösegeräte für Rückhaltegeräte

Bei einer Frontalkollision eines Kraftfahrzeugs mit einem anderen Fahrzeug oder einem festen Hindernis verlagert sich der Insasse zuerst mit Kollisionsgeschwindigkeit nach vorn, bis das Rückhaltesystem anspricht. Dieser zurückgelegte Weg des Insassen wird als Gurtlose bezeichnet. Für den Menschen wäre es aber günstiger, wenn er die gleiche Verzögerung erfahren würde wie das Fahrzeug, das durch seine Verformungszone die Energie abbauen kann. Das bedeutet aber, daß eine festere Verbindung zwischen Insasse und Fahrzeug notwendig ist. Durch Rückhaltesysteme wie Airbag oder Gurte mit Gurtstrammer wird die Gurtlose verringert und damit die Verzögerung des Insassen der des Fahrzeugs angepaßt. Für derartige Systeme ist es von entscheidender Wichtigkeit, daß die Auslösung zum richtigen Zeitpunkt erfolgt. Dafür werden piezoelektrische Verzögerungssensoren, die mechanisch eine Feder-Masse-Schwingung darstellen, verwendet. Das Sensorsignal wird von der Auslöse-Elektronik mit den vorher einprogrammierten Werten verglichen. Wenn diese Werte – bei einem Unfall – überschritten werden, gibt die Elektronik die Zündbefehle für die Gasgeneratoren der Luftsäcke. Für Gurtstrammer gelten die gleichen Anforderungen. Sie werden ebenfalls pyrotechnisch gezündet und straffen den Gurt so, daß er am Körper des Insassen anliegt.

Die Steuereinheit unterscheidet zuverlässig zwischen einem Unfall und z. B. einem Hammerschlag in der Werkstatt, einer Bordsteinkante oder einem Schlagloch. Auch ein leichter Aufprall, z. B. beim Einparken, genügt noch nicht für das Auslösesignal. Da diese Sicherheitseinrichtungen nur im Notfall zum Einsatz kommen, sonst aber nicht in Anspruch genommen werden, ist eine aufwendige Technik nötig, damit die Elektronik im Ernstfall richtig reagiert. Deshalb hat das Steuergerät eine eigene Systemüberwachung, die die einzelnen Baugruppen sowie das Gesamtsystem ständig bei jedem Fahrtantritt elektronisch überwacht. Ein separates Energiesystem sorgt für sichere Funktion der Anlage selbst dann, wenn die Stromversorgung des Fahrzeugs während des Unfalls ausfallen sollte.

1.5.1 Airbag/Gurtstrammer

Eine vollständige Systemlösung besteht aus einem fahrerseitigen Airbag und einer Gurtstrammer-Einrichtung für den Beifahrer. Der Airbag wird bei einer Aufprallgeschwindigkeit von mehr als 25 km/h ausgelöst. Der Aufprall muß frontal auf ein schweres Hindernis erfolgen. Im Falle des Auftreffens wird bei entsprechender Verzögerung vom Auslösegerät ein elektrischer Zündimpuls an eine in einem Gasgenerator befindliche Zündpille gegeben. Die Zündung eines Festtreibstoffes im Gasgenerator wird dadurch ausgelöst. Der Festtreibstoff verpufft und füllt den Luftsack des Airbag in ca. 30 ms nach der Auslösung. Der Körper des Fahrers fällt dadurch in den prall gefüllten Luftsack und kann nicht auf dem Lenkrad oder auf der Windschutzscheibe aufschlagen. Etwa 100 ms nach Unfallbeginn ist das Gas durch seitliche Entlüftungsschlitze im Luftsack bereits wieder entwichen. Der Airbag fällt in sich zusammen. Die Bewegungsenergie des aufprallenden Körpers wurde «weich» abgebaut.

Bild 1.15
Ein komplettes
Rückhaltesystem
enthält einen Airbag für
den Fahrer und einen
Gurtstrammer für Fahrer
und Beifahrer (Bosch)
1 Kontrollampe
2 Fahrer-Airbag
3 Auslösegerät
4 Spannungswandler
5 Energiereserve
6 Gurtstrammer

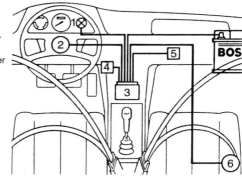

Bild 1.16
Blockschaltbild des
Bosch-Rückhaltesystems
(Bosch)

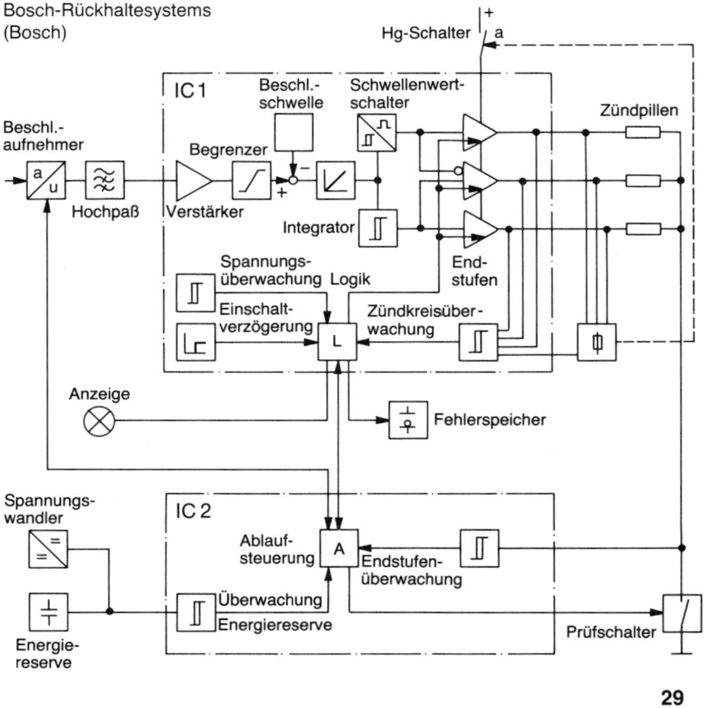

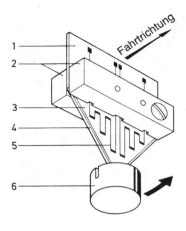

Bild 1.17
Der Beschleunigungsaufnehmer erfaßt bei einem Aufprall die auf das Fahrzeug wirkende Verzögerung (Bosch)
Es bedeuten:
1 Kontaktierung
2 Einspannung
3 Isolation
4 Feder
5 Dehnungs-Meßstreifen
6 Masse

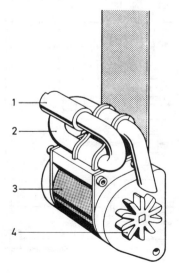

Bild 1.18
Gurtstrammer mit Treibkapsel (Bosch)
1 Gehäuse mit Treibkapsel, Brennkammer und Kolben
2 Rohr
3 Aufroller
4 Turbinenrad

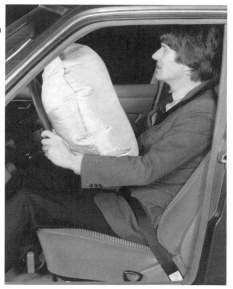

Bild 1.19
Der aufgeblasene Airbag fängt den Fahrer bei einem Aufprall weich ab (DB)

Beim Gurtstrammer ist der Auslösevorgang identisch mit dem des Airbags. Der Treibsatz preßt jedoch unter Druck eine Flüssigkeit auf ein Turbinenrad, durch dessen Drehbewegung der Aufroller des Gurtstrammers so gedreht wird, daß sich der Gurt straff an den Körper der zu schützenden Person anlegt. Die Gurtlose sowie ein möglicher Filmspuleffekt des Gurtes werden dadurch aufgehoben.

Für eine einwandfreie Funktion des Auslösegerätes sowie der Zündkreise ist elektrische Energie erforderlich. Bei Zerstörung oder Trennung der Fahrzeugbatterie vom Bordnetz während eines Unfalls stellt ein Kondensator als Energiereserve die Funktion sicher.

Zusätzlich ist ein Spannungswandler in das System integriert. Sinkt die Bordspannung der Batterie auf bis zu 4 V ab, so erhält der Spannungswandler die volle Spannungsversorgung des Auslösegerätes und der Zündkreise aufrecht.

Um einen Überblick über die Funktion dieses Sicherheitssystems zu erhalten, ist eine zusätzliche Kontrollampe installiert. Beim Einschalten der Zündung leuchtet sie im Rahmen eines Prüfzyklus ca. 10 s lang auf und erlischt danach.

Bild 1.20 Der Airbag ist im Pralltopf des Lenkrades untergebracht (DB)
Es bedeuten:
1 Polsterplatte
2 Luftsack
3 Gasgenerator
4 Pralltopf

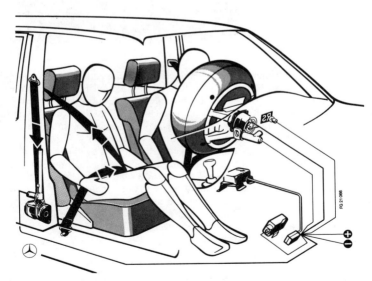

Bild 1.21 Anordnung des Rückhaltesystems im Fahrzeug (DB)

Das Auslösegerät befindet sich in einem Metallgehäuse und nimmt den Beschleunigungsaufnehmer sowie die integrierten Schaltkreise IC 1 und IC 2 mit ihren Steuerungs- und Überwachungsfunktionen auf. Die Einbaulage des Auslösegerätes ist genauestens festgelegt. Das Gerät verfügt ferner über drei Zündausgänge zur Auslösung von Airbag und/oder Gurtstrammer. Aufgrund der drei vorhandenen Ausgänge kann das Auslösegerät zur Auslösung eines Fahrer- und eines zweistufigen Beifahrer-Airbags oder eines Fahrer-Airbags sowie von zwei Gurtstrammern verwendet werden. Die Energiereserve sowie der Spannungswandler sind evakuiert vom Auslösegerät im Fahrzeug untergebracht.

Der Beschleunigungsaufnehmer besteht aus einem Feder-Masse-System. Die bei einem Frontalaufprall auf das Fahrzeug wirkende Verzögerungskraft verbiegt über die bewegliche Masse des Beschleunigungsaufnehmers eine Feder. Auf dieser Feder sind vier Widerstände in einer Brückenschaltung aufgebracht, von denen zwei ihren Widerstandswert beim Biegen verändern. Dadurch entsteht ein der Verzögerung proportionales Spannungssignal, das über einen Hochpaß auf einen Verstärker und von dort in eine Begrenzungsstufe gelangt, die es gegen hochfrequente Schwingungen unempfindlich macht. Die der normalen Fahrbetriebsbeschleunigung entsprechende Beschleunigungsschwelle von ca. 4 g wird anschließend durch eine Subtrahierschaltung eliminiert. Fahrbetriebsbeschleunigungen werden somit ausgeglichen und führen nicht zu Fehlauslösungen. Das so modulierte Signal wird in den Schaltkreis integriert und mit zwei Schwellenwerten verglichen. Werden die Grenzwerte S_1 für den Gurtstrammer und S_2 für den Airbag überschritten, so werden die Rückhaltesysteme aktiviert. Hierbei ist zu beachten, daß die optimale Wirkung des Gurtstrammers nur dann erreicht wird, wenn das Strammen des Gurtes so früh wie möglich einsetzt, d.h., daß der angegurtete Insasse bei einem Fahrzeugaufprall noch vor Bewegungsbeginn durch den gestrafften Gurt mit der stabilen Fahrgastzelle der Fahrzeugkarosserie verbunden wird. Aus diesem Grund ist der Schwellwert S_1 sehr niedrig festgelegt. Bereits 15 km/h frontale Aufprallgeschwindigkeit gegen ein starres Hindernis genügen zur Auslösung. Der Schwellenwert S_2 des Airbag ist höher eingestellt. Der Airbag wird so aktiviert, daß er erst ab einer frontalen Aufprallgeschwindigkeit von 25 km/h in Aktion tritt. Bei dieser Einstellung ist gewährleistet, daß der Airbag voll aufgeblasen ist, bevor ein angegurteter Insasse in ihn hineinfällt.

Werden Gurtstrammer oder Airbag aktiviert, schalten die entsprechenden Endstufen durch. Über die angeschlossenen Zündpillen werden die Gasgeneratoren in Tätigkeit gesetzt. Die speziell von Bosch entwickelten und im Bosch-Halbleiterwerk gefertigten IC tragen zur

Erhöhung der Funktionssicherheit bei. Die zusätzlich installierte Überwachungseinrichtung dient neben der Selbstkontrolle zur Registrierung von Systemfehlern und der Speicherung einer möglichen Fehlauslösung.

1.5.1.1 Verschrotten von Airbag- und Gurtstrammer-Einheiten

Entsprechend den Unfallverhütungsvorschriften in der Bundesrepublik Deutschland fallen Airbag- und Gurtstrammer-Einheiten in die Gefahrenklasse T1. Das hat zur Folge, daß diese Einheiten vor dem Verschrotten durch Zünden der pyrotechnischen Bauteile entschärft werden müssen. Diese Sicherheitsmaßnahme ist erforderlich, weil bei unsachgemäßer oder unbeabsichtigter Zündung eine Verletzungsgefahr nicht auszuschließen ist.

Bei Daimler-Benz wird derzeit das gesamte Personenwagen-Programm an den Vordersitzen mit Gurtstrammern ausgerüstet. Auf Sonderwunsch ist zusätzlich ein Airbag im Lenkrad lieferbar. Daimler-Benz hat deshalb als erster eine Arbeitsanleitung zum Entschärfen von Airbag- und Gurtstrammer-Einheiten sowie Sonderwerkzeuge für das Zünden der pyrotechnischen Bauteile entwickelt. Entsprechend dieser Anweisung dürfen pyrotechnische Bauteile nicht mit einem zweiadrigen Kabel unter Verwendung einer eigenen Stromquelle, z.B. der Fahrzeugbatterie, gezündet werden. Zu verwenden ist vielmehr das über die Zweifach-Steckkupplung trennbare Kabel für die Zündung von Airbag- und Gurtstrammer-Einheiten. Dabei ist bei der Zündung ein Mindestabstand von 10 m zum pyrotechnischen Objekt zu halten. Dieser Abstand entspricht der Länge des von Daimler-Benz gelieferten Zündkabels. Soll eine Zündung im Fahrzeug erfolgen, so ist für die ausführende Person immer ein Standort vor dem Fahrzeug zu wählen.

Am besten zur Zündung von Airbag- und Gurtstrammer-Einheiten eignet sich ein Schrottfahrzeug, wobei während des Zündungsvorgangs die Türen des Fahrzeugs geschlossen bleiben sollten. Die lose Airbag-Einheit ist dabei im Fußraum so abzulegen, daß ihre gepolsterte Seite nach oben zeigt. Das von Daimler-Benz unter der Teilenummer 126 589 00 90 22 zum Preis von etwas mehr als 20,– DM gelieferte Adapterkabel mit Steckkupplungen kann für die Zündung nur einmal verwendet werden.

Sollte ein geeignetes Schrottfahrzeug nicht zur Verfügung stehen, ist zur Zündung der Airbag-Einheit ein möglichst großvolumiger Transportbehälter aus Metall zu verwenden, dessen Deckel während des Zündvorgangs geschlossen sein sollte.

Zum Verschrotten loser Gurtstrammer-Einheiten wird am besten ein mit Sand gefüllter massiver Behälter verwendet. Der Rohrbogen der

Gurtstrammer-Einheit ist in den Sand so einzulegen, daß die Antriebsflüssigkeit waagerecht aus dem Rohrbogen austreten kann. Die Austrittsöffnung der Gurtstrammer-Einheit sollte aus Vorsichtsgründen mit einer Sandschicht von mindestens 20 cm Dicke bedeckt sein. Bei der Entschärfung ist wie folgt vorzugehen:

- ☐ Das Adapterkabel der Zündvorrichtung ist mit dem Airbag- oder den Gurtstrammer-Einheiten zu verbinden.
- ☐ Die Airbag- und Gurtstrammer-Einheiten im Fußraum eines Schrottfahrzeuges, alternativ in Festbehältnisse einlegen.
- ☐ Einen Abstand von mindestens 10 m zwecks Zündung der pyrotechnischen Einheiten von den Objekten einnehmen.
- ☐ Die von Daimler-Benz unter der Teilenummer 126 589 00 90 00 gelieferte Zündvorrichtung mittels des Drehschalters auf Stellung 1 bringen, die linke Taste der Zündvorrichtung betätigen und gleichzeitig mit der rechten Taste die Zündung auslösen. Der Zündvorgang wird durch das Aufleuchten einer grünen Kontrolllampe angezeigt.

Grundsätzlich können Airbag- und Gurtstrammer-Einheiten auch im eingebauten Zustand des Fahrzeugs über die Zehnfach-Steckkupplung gezündet werden. Hierbei ist jedoch zu bedenken, daß bei der Zündung einer Airbag-Einheit auch das Lenkrad, in dem die Einheit eingebaut ist, beschädigt und demzufolge ebenfalls verschrottet werden muß. Der Zündungsvorgang wird wie folgt vorgenommen:

- ☐ Festen Sitz des Lenkrades an der Lenksäule kontrollieren und prüfen, ob die Airbag-Einheit mit dem Lenkrad fest verbunden ist.
- ☐ Den Zündschlüssel in die 0-Stellung drehen.
- ☐ Batterie-Minuspol abklemmen.
- ☐ Die rote Zehnfach-Steckverbindung des Auslösegerätes an der Fußstütze abziehen.
- ☐ Die als Sonderwerkzeug von Daimler-Benz gelieferte Zündvorrichtung mit der Zehnfach-Steckverbindung des Fahrzeugs verbinden.
- ☐ Alle Fahrzeugfenster und -türen schließen.
- ☐ Bei einem Mindestabstand von 10 m von den zu zündenden Objekten den Drehschalter der Zündvorrichtung einstellen, die linke Taste betätigen und gleichzeitig mit der rechten Taste die Zündung auslösen. Am Drehschalter der Zündvorrichtung ist zu wählen, ob der Airbag (Schalterstellung 1) oder der Gurtstrammer der Beifahrerseite (Schalterstellung 2) entschärft werden soll.

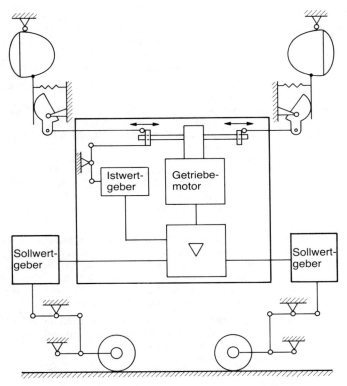

Bild 1.22 Aufbau eines elektronisch-motorischen Leuchtweite-Reglers (Hella)

1.6 Leuchtweite-Regelung

Für den nächtlichen Straßenverkehr fordert die StVZO eine möglichst gute Fahrbahnbeleuchtung auch bei Abblendlicht und eine möglichst geringe Blendung entgegenkommender Verkehrsteilnehmer. Auch bei vorschriftsmäßiger Einstellung der Scheinwerfer relativ zur Fahrbahn ist eine mögliche Blendwirkung von der momentanen Belastung des Fahrzeugs abhängig. Durch eine EG-Richtlinie ist die Neigungstoleranz des Abblendlichts eingegrenzt. Die Vorschrift besagt, daß in jedem Belastungszustand des Fahrzeugs die Neigung des Abblendlichts zwischen 0,5 und 2,5 % liegen muß. Diese Neigungsgrenzen können normalerweise nur durch eine Leuchtweite-Regulierung sicher eingehalten werden. Es gibt hydraulisch, elektrisch oder pneumatisch arbeitende Leuchtweite-Regelungen. Diese Systeme sind als Handverstellungs- oder Automatikanlagen ausgelegt.

Wir beschränken uns hier auf den elektrisch-motorischen Leuchtweite-Regler. Diese Leuchtweite-Regler-(LWR-)Systeme sind im Sinne der Regelungstechnik keine Regler, sondern Steuerungen, da sie zwangsweise erfolgen. Trotzdem werden wir, dem allgemeinen Sprachgebrauch folgend, im weiteren auch diese Steueranlagen Leuchtweite-Regler nennen. Ein Leuchtweite-Regler besteht im wesentlichen aus zwei Funktionsgruppen:

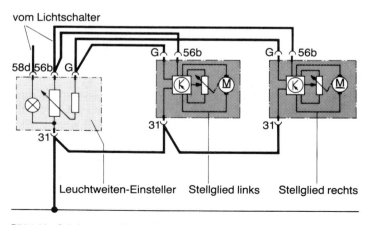

Bild 1.23 Schaltschema der Leuchtweitenregelung (VW)

- der Stell- und Regeleinheit mit Scheinwerfer-Verstelleinrichtung und Istwertgeber,
- einem Sollwertaufnehmer an der Hinterachse oder zwei Sollwertaufnehmern jeweils an der Vorderachse und Hinterachse.

Sollwert- und Istwertgeber sind elektrisch identisch aufgebaute Differenzspulen mit einem verschiebbaren Ferritkern in einem magnetisch offenen Kreis. Die Spulen stellen somit induktive, kontaktlose Potentiometer dar.

Der Oszillator versorgt alle parallelgeschalteten Geberspulen mit Wechselspannung. Die Spannungen an den Angriffen von Geber- und Rückmelderspulen (Brückenschaltung) werden gleichgerichtet und einer Vergleicherschaltung zugeführt. Je nach Polarität der Differenzspannung wird der nachgeschaltete Verstärker zur positiven oder negativen Versorgungsspannung hin übersteuert und schaltet über je eine Zeitverzögerungsschaltung und eine Relaisschaltstufe den Stellmotor auf Rechts- oder Linkslauf. Die Bewegungen der Scheinwerfer werden z. B. mittels Seilzügen erreicht. Die Leuchtweite-Regelung soll nur die Beladungsunterschiede ausgleichen. Deshalb werden kurzzeitige Federbewegungen der Achsen infolge von fahrtbedingten Schwingungen des Fahrzeugs nicht berücksichtigt.

1.6.1 Leuchtweite-Regelung beim Audi 200

In die Instrumententafel des Fahrzeugs sind ein Leuchtweite-Einsteller mit Handstellrad und an beiden Scheinwerfern je ein Stellglied eingebaut. Leuchtweite-Einsteller und Stellglieder sind mit einem gesonderten Kabelbaum verbunden. Durch Betätigen des Stellrades am Leuchtweite-Einsteller wird eine elektrische Spannung verändert. Diese Spannung wird zur Schaltelektronik geleitet und dort als Soll-Information für die Scheinwerfereinstellung registriert. Eine zweite Spannungsinformation, die mit jeder Bewegung des Stellmotors verändert wird, erhält die Schaltelektronik Ist-Information über die augenblickliche Stellung des Scheinwerfers. Soll- und Ist-Information werden in der Schaltelektronik kontinuierlich verglichen. Wird durch Betätigen des Stellrades die Soll-Information gegenüber der Ist-Information verändert, so wird der Stellmotor eingeschaltet. Bei seiner Drehung verändert sich die Ist-Information. Wenn Soll- und Ist-Information gleich groß geworden sind, schaltet der Stellmotor ab, da die Scheinwerfer die vom Fahrer gewünschte Stellung erreicht haben. Bei jeder Veränderung der Scheinwerfereinstellung erhalten beide Stellglieder die gleiche Information vom Leuchtweite-Einsteller. Beide Scheinwerfer werden immer um den gleichen Betrag geschwenkt.

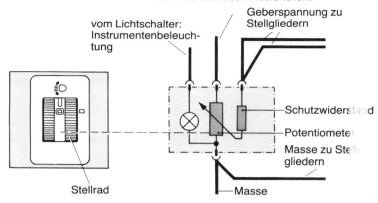

Bild 1.24 Mit dem Stellrad wird die Soll-Information als Spannungssignal an die Schaltelektronik geleitet (VW)

Die Scheinwerfer können mit dem Stellrad im Leuchtweite-Einsteller zwischen zwei Anschlägen stufenlos verstellt werden. Eine der beiden Anschläge ist die Stellung «0», in der das Stellrad einrastet. Zu dieser befinden sich die Scheinwerfer in der Grundeinstellung. Es ist auch die Position, in der die Scheinwerfereinstellung im Rahmen der Wartungsdienste geprüft wird. Von dieser Grundeinstellung aus kann das Abblendlicht über die elektrische Leuchtweite-Regelung nur nach unten verstellt werden, so daß ein Blenden des Gegenverkehrs aufgrund falscher Bedienung nicht möglich ist.

Die Verstellung der Scheinwerferneigung erfolgt durch je einen Stellmotor pro Scheinwerfer. Bei einer Vorwärtsbewegung von Raststein und Klemmaul (bezogen auf die Fahrzeuglängsachse), wird der Scheinwerfer nach unten geschwenkt. Bedingt durch die unten im Scheinwerfergehäuse angeordnete Wippe, wird die Bewegungsrichtung des Stellgliedes zum Scheinwerfer umgekehrt.

Die elektrische Schaltung der Leuchtweite-Regelung im Audi 200 beruht auf dem Vergleich von zwei Spannungen:

☐ der vom Leuchtweite-Einsteller gegebenen Spannung (Soll-Information) und
☐ der vom Schiebewiderstand im Stellglied ausgehenden Spannung (Ist-Information).

Um die Ist-Information zu erhalten, befindet sich im Stellmotor ein Schiebewiderstand, der bei jeder elektromechanischen Verstellung mitbewegt wird. Verändert sich also die Scheinwerferneigung aufgrund der Stellmotorbewegung, ändert sich gleichzeitig die Spannung am Schiebewiderstand. Die Steuerspannung des Schiebewiderstandes ist damit die Information für die Schaltelektronik über die augenblickliche Scheinwerferneigung. Die elektromechanischen Verstellungen sind für die linke und rechte Fahrzeugseite identisch und damit austauschbar.

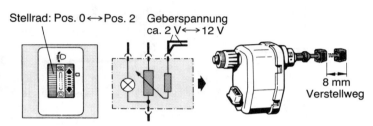

Bild 1.25 Die exakte Abstimmung zwischen elektrischem und mechanischem System sorgt für eine immer gleiche Verstellung bei gleicher Stellradbewegung (VW)

Mit dem Stellrad wird eine veränderliche Spannung vom Potentiometer abgegriffen. Sie wird als Soll-Information zur Schaltelektronik in den Stellgliedern geleitet. Die Geberspannung kann zwischen ca. 2 V und 12 V stufenlos geregelt werden. Wird aus einer beliebigen Position heraus das Stellrad in die Position «0» gebracht, so beträgt die Geberspannung 12 V. Die Scheinwerfer werden bis zum Ende des Verstellweges hochgeschwenkt. In der Position 2 beträgt die Soll-Information für die Schaltelektronik ca. 2 V, was zur Folge hat, daß die Scheinwerfer heruntergeregelt werden. Trotz maximaler Neigung des Fahrzeugs, beispielsweise bedingt durch eine vollbelastete Hinterachse, behält das Abblendlicht die normale Leuchtweite.

Von der Schaltelektronik wird der Stellmotor ein- bzw. ausgeschaltet. Die Schaltelektronik bestimmt damit auch, ob der Motor rechts- oder linksherum läuft, denn die Spannung für den Stellmotor wird entsprechend gepolt. Der Vorgang ist hierbei folgender:

Befindet sich der Leuchtweite-Einsteller in Position 1, dann ist die Scheinwerferneigung in der Mitte zwischen oberem und unterem

Ende des Verstellweges justiert. Ein Stellvorgang findet zur Zeit nicht statt. Über das Potentiometer wird eine Geberspannung von ca. 6 V eingespeist, die in etwa identisch ist mit der Spannungsinformation des Stellgliedes. Wird aus dieser Stellung heraus das Stellrad in Position «0» gebracht, dann wächst die Geberspannung auf 12 V an. Sie ist damit größer als die augenblickliche Steuerspannung von ca. 6 V. Dadurch wird der Motor so angesteuert, daß die Scheinwerferneigung in Richtung «hoch» regelt. Während des Regelvorganges wächst die Steuerspannung, weil der Schiebewiderstand vom Stellmotor über eine Schnecke mitgezogen wird. Wenn beide Spannungen wieder gleich groß sind, also ca. 12 V erreicht haben, wird der Stellmotor ausgeschaltet.

Als Sicherheitsschaltung befindet sich in jedem Stellglied ein Kondensator, der bei einer Unterbrechung zwischen den Klemmen 31 und 56 B des Stellgliedes über seine Eigenentladung die Scheinwerfer nach unten regelt. Somit ist sichergestellt, daß z.B. durch Abfallen eines Steckers am Leuchtweite-Einsteller oder an einem Stellglied andere Verkehrsteilnehmer nicht geblendet werden können. Ferner ist die Geberspannung 0 für das Stellglied eine Information zum Herunterregeln des Scheinwerfers. Auch das stellt eine Sicherheitsschaltung dar, die bei einer Unterbrechung der Geberspannung wirksam wird.

1.6.2 Die Scheinwerfereinstellung und Fehlersuche

Die Scheinwerfereinstellung bei Fahrzeugen mit Leuchtweite-Regelung muß mit einer Belastung von 75 kg auf dem Fahrersitz vorgenommen werden. Bei der Einstellung der Scheinwerfer ist zu beachten, daß der Leuchtweite-Einsteller in Position «0» (Grundstellung) stehen muß. Ferner sollte daran gedacht werden, daß die Wippe am Scheinwerfergehäuse die Drehbewegung der Einstellung umkehrt. Das bedeutet, daß bei Drehung der Einstellmutter im Uhrzeigersinn das Lichtbündel weiter nach unten gelenkt wird.

Bei der Leuchtweite-Regelung kann als einziger Fehler auftreten, daß die Scheinwerfer nicht verstellt werden können. Zur Fehlersuche ist eine Prüflampe sowie ein Voltmeter erforderlich. Der Prüfvorgang ist folgender:

☐ Betriebsspannung der Batterie prüfen, Sollwert: größer als 10 V.
☐ Stellung des Abblendlichtes mit einem Scheinwerfer-Einstellgerät prüfen, dazu Leuchtweite-Einsteller in Position «0» bringen und Fahrersitz mit 75 kg belasten.

Stehen die Scheinwerfer bei dieser Prüfung zu hoch, dann können mögliche Ursachen sein:

- [ ] Stellglied defekt
- [ ] Spannungsunterbrechung an Klemme 56 b (+) oder Klemme 31 (−)

In diesem Fall Sichtprüfung, ob ein Zuleitungskabel abgefallen oder beschädigt ist. Ist das nicht der Fall, dann:

Klemme 56 b am Stellglied prüfen. Leuchtet bei dieser Prüfung die Prüflampe nicht auf, ist die Spannungszuführung unterbrochen. Die Prüfung mit der Prüflampe nach Stromlaufplan fortsetzen.

Leuchtet die Prüflampe jedoch auf, dann Klemme 31 (Masse) prüfen. Leuchtet die Prüflampe bei dieser Prüfung nicht auf, ist die Spannung unterbrochen. Die Prüfung ist nach Stromlaufplan fortzusetzen. Leuchtet die Prüflampe bei dieser Prüfung auf, ist das Stellglied defekt und zu ersetzen.

Stehen bei der Prüfung des Abblendlichtes die Scheinwerfer zu niedrig, können mögliche Ursachen sein:

- [ ] Stellglied defekt
- [ ] keine Spannung am Stellglied über Sicherheitsschaltung heruntergeregelt
- [ ] Geberspannung unterbrochen

Zuerst wird eine Sichtprüfung der Kabel und Stecker durchgeführt und geprüft, ob eventuell ein Kabel oder Stecker abgefallen ist. Danach wird der Leuchtweite-Einsteller auf Position 0 gebracht. In dieser Position muß die Geberspannung 12 V betragen. Dazu ist die Geberspannung am Stellglied zu prüfen. Beträgt die Geberspannung 12 V, dann ist mit Hilfe einer Prüflampe an Klemme 56 b des Stellgliedes zu prüfen, ob ein Stromfluß stattfindet. Leuchtet die Prüflampe nicht auf, ist die Spannung unterbrochen und die Prüfung nach Stromlaufplan fortzusetzen. Leuchtet die Prüflampe auf, wird die Prüfung an Klemme 31 (Masse) fortgesetzt. Leuchtet dort die Prüflampe ebenfalls auf, ist das Stellglied defekt und zu ersetzen. Leuchtet die Prüflampe bei dieser Prüfung nicht auf, ist die Spannung unterbrochen und die Prüfung nach Stromlaufplan fortzusetzen.

Wird bei der Prüfung der Geberspannung am Stellglied annähernd 12 V nicht erreicht, ist die Geberspannung am Leuchtweite-Einsteller zu prüfen. Beträgt die Geberspannung am Leuchtweite-Einsteller 12 V, so ist die Leitung vom Leuchtweite-Einsteller zum Stellglied defekt.

Beträgt die Geberspannung am Leuchtweite-Einsteller deutlich weniger als 12 V, dann ist die Eingangsspannung am Leuchtweite-Einsteller an Klemme 56 b zu prüfen. Beträgt die Eingangsspannung weiterhin weniger als 12 V, dann ist die Zuführungsleitung defekt.

Beträgt die Eingangsspannung am Leuchtweite-Einsteller (Klemme 56 b) 12 V, dann ist die Eingangsspannung an Klemme 31 zu prüfen.

Beträgt die Eingangsspannung an Klemme 31 ebenfalls 12 V, ist der Leuchtweite-Einsteller defekt und zu ersetzen.

Wird eine deutlich geringere Eingangsspannung an Klemme 31 gemessen, dann ist die Leitung defekt und auszuwechseln.

1.7 LCD-Electronic-Instrument

Der Autofahrer sollte sich ganz auf den Verkehr konzentrieren können und erst in zweiter Linie auf die Bedienung seines Fahrzeugs. Erhält er zu viel Informationen über Fahrzeugfunktionen, so lenkt ihn das vom Straßenverkehr ab. Um Überinformationen zu vermeiden, entwickelten die Komponentenhersteller in Zusammenarbeit mit der Automobilindustrie in den letzten Jahren zentrale Kontrollsysteme. Sie überwachen die wichtigsten Funktionen der Fahrzeuge, ordnen sie in Prioritätsstufen und informieren den Fahrer mit einer optischen Anzeige, wenn eine Störung vorliegt, wobei in vielen Fällen gleichzeitig die Prioritätsstufe angegeben wird. Am Beispiel eines Opel Kadett E, Modell GSi, der serienmäßig mit einem LCD-Electronic-Instrument ausgestattet ist, soll dieses Informationssystem näher erläutert werden.

Da in der Praxis elektronische Bauteile zuverlässig betriebssicher sind, wird beim Kadett GSi im Rahmen der vorgegebenen Prüfungen nicht die Elektronik selbst, sondern lediglich die Peripherie, vornehmlich Spannungsversorgung und Geber, geprüft. Zur Prüfung sind ein Opel-Universal-Prüfadapter und ein Prüfkabel erforderlich. Jeder Prüfung der Instrumenten-Geber muß ein Ablauf des Check-Modus vorangestellt werden. Nur so ist zu erkennen, ob Störungen am Anzeigesystem des LCD-Instrumentes vorliegen. Wird im Rahmen der Prüfung

Bild 1.26 LCD-Electronic-Instrument im Kadett GSi (Opel)

der Peripherie keine Abweichung von den Sollwerten festgestellt, so befindet sich die Fehlerursache im LCD-Instrument. Es ist in diesen Fällen zu ersetzen, da ein Zerlegen des Instrumentengehäuses mit Austausch elektronischer Bauteile bei Opel nicht vorgesehen ist. Das Öffnen des Gehäuses ist also zu unterlassen, auch deshalb, weil durch statische Entladung beim Berühren der Leiterplatten im Inneren spannungsempfindliche Bauteile zerstört werden könnten. Im Falle einer Beanstandung am elektronischen System muß der gesamte Instrumenten-Zusammenbau ersetzt werden. Neue Instrumente werden nur komplett angeboten, also mit allen Kontroll- und Instrumentenleuchten, wie sie zur Standardausstattung gehören.

Check-Modus

Nach jedem Einschalten der Zündung läuft ein automatischer Check-Modus ab, bei dem innerhalb von ca. 5 s alle Segmente der verschiedenen Anzeigebereiche angesteuert werden. Die Folge ist, daß die Segmente der quasi-analogen Bandskalen dabei in einem Zeitraum von ca. 2 s von der Minimumanzeige auf die Maximumanzeige ansteigen und dort für ca. 3 s verweilen. Das gilt auch für die digitale Geschwindig-

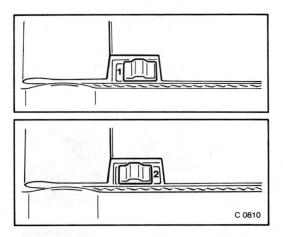

Bild 1.27 Codierschalter an der Rückseite des LCD-Instruments zur Umstellung auf andere Fahrzeugtypen (Opel)

keitsanzeige, die je nach Codierung des Instrumentes für ca. 2 s eine bestimmte Ziffernfolge anzeigt. Dieser automatische Check-Modus läßt auf einen Blick erkennen, ob die Displays mit allen ihren Segmenten angesteuert werden. Somit kann bei Fehlverhalten auf eine Störung geschlossen werden. Fällt beispielsweise ein Segment eines Displays aus, so ist der Defekt in der Elektronik zu suchen. Das Instrumentengehäuse muß komplett ausgetauscht werden. Nicht so jedoch bei der Geschwindigkeitsanzeige. Zeigt im Rahmen des Check-Modus die Geschwindigkeitsanzeige eine andere als die für das Fahrzeug geltende Ziffernfolge an, so kann die Ursache hierfür an einer fehlerhaften Codierung des LCD-Instrumentes liegen. Zur Kontrolle ist das LCD-Instrument auszubauen und der Codierschalter an der Instrumentenrückseite umzuschalten. Nun nochmals prüfen, ob die Geschwindigkeitsanzeige jetzt den gültigen Wert anzeigt. Bei Fehlanzeige ist das LCD-Instrument komplett zu ersetzen. Bei dieser Prüfung muß beim Kadett E GSi die Ziffer 1 auf dem Codierschalter sichtbar sein. Die Ziffernfolge auf der Geschwindigkeitsanzeige beim Check-Modus muß 2 s lang 125 sowie 3 s lang 288 anzeigen und danach den Wert 0 einnehmen. Entsteht immer noch eine Fehlanzeige, so ist das LCD-Instrument komplett zu ersetzen.

Während des Check-Modus bleiben die Segmente der verschiedenen Displays, Kontrolleuchten usw. vollständig bis zum Ende des Check-Modus eingeschaltet. Der Check-Modus wird beim Anlassen des Motors, und zwar dann, wenn der erste Zündimpuls erkannt wird, abgebrochen. Nach Ablauf bzw. Abbruch des Check-Modus muß aktuell angezeigt werden:

- ☐ Tankinhalt
- ☐ Motortemperatur
- ☐ Batteriespannung
- ☐ Öldruck
- ☐ Drehzahl
- ☐ Fahrgeschwindigkeit

Das Arbeiten mit dem Opel-Universal-Prüfadapter

Zum Anschluß des Opel-Universal-Prüfadapters muß das LCD-Instrument teilweise ausgebaut werden. Dazu ist die Batterie abzuklemmen und die obere Signalschalter- und Instrumentenverkleidung auszubauen. Bei dieser Arbeit ist das Lenkrad jeweils um 90° nach rechts und links zu drehen, so daß die Befestigungsschrauben zugänglich werden. Es sind insgesamt vier Schrauben aus der oberen Signalschalterverkleidung herauszuschrauben und die Verkleidung abzunehmen.

Die Instrumentenverkleidung wird von zwei Schrauben getragen. Der Kabelsatz ist von den Schaltern abzuziehen und die Verkleidung herunterzunehmen. Danach wird das Instrumentengehäuse abgeschraubt und aus der Instrumententafel herausgezogen. Keinesfalls darf dabei die Instrumentenblende entfernt werden. Eine Berührung des LCD-Displays kann zu dessen Beschädigungen führen.

Nachdem diese Arbeiten erledigt sind, wird der 26polige Stecker an der rechten Gehäuseseite entriegelt und abgezogen. Der 16polige Stecker für die flexible Leiterplatte braucht nicht abgezogen zu werden. Das zum Universal-Prüfadapter gehörende Opel-Prüfkabel wird an die 26polige Steckbuchse am Instrument und an den 26poligen Stecker des Fahrzeugkabelsatzes angeschlossen. Danach wird der 63polige Stecker des Prüfkabels am Universal-Prüfadapter angeschlossen. Dabei muß vorsichtig zu Werke gegangen werden. Die Nasen am Stecker sind mit den Aussparungen der Steckdose in Deckung zu bringen und der Stecker durch Drehen des Arretierungsringes einzuführen. Danach wird die Batterie wieder angeklemmt.

Anschluß- und Bedienungselemente des Opel-Universal-Prüfadapters sind Bild 1.28 zu entnehmen. Bei der Prüfung muß der vorgegebene Prüfablauf genau eingehalten werden. Sollte bei einem Prüfschritt der geforderte Sollwert nicht erreicht werden, muß, bevor in den nächsten Prüfschritt weitergeschaltet wird, zuerst die Abweichung beseitigt werden. Schäden am Universal-Prüfadapter sind nicht auszuschließen, wenn ohne Beachtung der Abweichungen auf den nächsten Prüfschritt weitergeschaltet wird. Alle im nachfolgenden Prüfplan angegebenen Prüf- und Sollwerte gelten nur in Verbindung mit dem Opel-Universal-Prüfadapter.

Der Prüfgeräteanschluß und die Schalterbetätigung für Widerstands- und Spannungsmessung ist den Bildern 1.31 und 1.32 zu entnehmen. Am Universal-Prüfadapter ist der Schalter «Universal/ABS» auszurasten und in die Stellung «Universal» zu bringen. Bei Widerstandsmessungen muß der Drehschalter «V» in Stellung Pfeil und der Drehschalter «Ω» in die jeweilige Prüfstellung gebracht werden. Bei Spannungsmessungen ist der Drehschalter «V» in die jeweilige Prüfstellung zu bringen. Der Drehschalter «Ω» ist ohne Einfluß bei Spannungsmessungen.

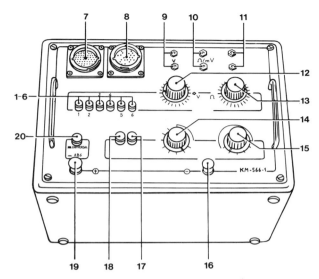

Bild 1.28 Opel-Universal-Prüfadapter KM-566-1 (Opel)
Es bedeuten:

1 – 6 Tasten für Simulation
7 UNIVERSAL-Steckdose, 63polig
9 Voltmeter-Anschlüsse
10 Ohmmeter-Anschlüsse
11 Anschlüsse für Schaltungsverknüpfung
12 Prüfschrittschalter für Spannungsmessung
13 Prüfschrittschalter für Widerstandsmessung
14 Prüfschrittschalter ABS
15 Ansteuerschalter ABS
16 Oszilloskopanschluß (−)
17 Schalter ABS-Druckabbau
18 Schalter ABS-Druckverhalten
19 Oszilloskopanschluß (+)
20 Umschalter UNIVERSAL/ABS

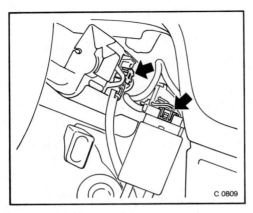

Bild 1.29 Das Opel-Prüfkabel ist sowohl an die 26polige Steckdose am LCD-Instrument als auch am 26poligen Stecker des Fahrzeugkabelsatzes anzuschließen (Opel)

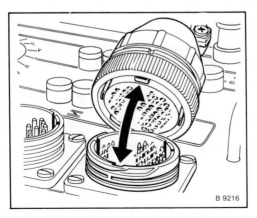

Bild 1.30 Den 63poligen Prüfkabel-Stecker vorsichtig am Prüfadapter anschließen (Opel)

Bild 1.31
Anschlußschema für
Widerstandsmessungen
(Opel)
Es bedeuten:
1 Fahrzeugkabelsatz
2 Prüfkabel
3 LCD-Instrument
4 Universal-Prüfadapter
5 Ohmmeter

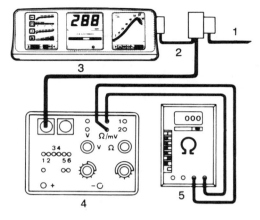

Bild 1.32
Anschlußschema für
Spannungsmessungen
(Opel)
Es bedeuten:
1 – 4 siehe Bild 1.31
5   Voltmeter

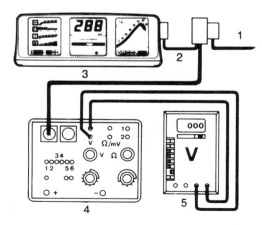

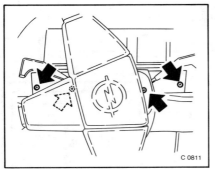

Bild 1.33
Zum Ausbau des LCD-Instruments die vier Schrauben aus der oberen Signalschalterverkleidung und ...

Bild 1.34
... die zwei Schrauben aus der Instrumentenverkleidung herausschrauben

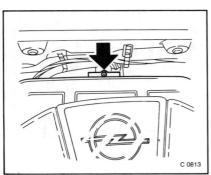

Bild 1.35
Danach das Instrumentengehäuse abschrauben und das LCD-Instrument herausziehen (Opel)

Bild 1.36
Der 26polige Stecker ist mit einer Verriegelung gesichert (Opel)

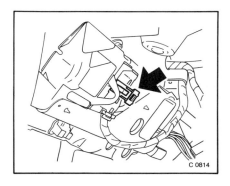

Bild 1.37
26poliger Fahrzeugstecker X8 (Opel)
- 1 Generator G 2/K 1.D+
- 2 nicht belegt
- 3 Regelschalter-Instrument R 11. Sicherung R 2-10 A, Diode V 6, Schalter Licht S 2.1/Kl. 58
- 4 Geber Kraftstoffvorrat P 4
- 5 Zündschloß S1/Kl. 15
- 6 nicht belegt
- 7 Zündspule Kl. 1, L 2 = TSZ mit Hallgeber, L 3 = TSZ mit Induktivgeber
- 8 nicht belegt
- 9
- 10 Masse
- 11
- 12 Geber Öldruck P 10
- 13
- 14 nicht belegt
- 15 Zündschloß S 1/Kl. 15
- 16 Schalter Licht S 2.1/Kl. 58
- 17 Geber Temperatur P 5
- 18
- 19 nicht belegt
- 20
- 21 Geber Wegstrecke P 14
- 22 Schalter Öldruck S 14
- 23 – 26 nicht belegt

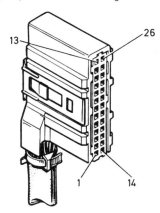

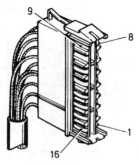

Bild 1.38 16poliger Fahrzeugstecker X9 (Opel)
1 Blinkleuchte rechts H 12/R
2 nicht belegt
3 Schalter Feststellbremse S 13
4
5
6 nicht belegt
7
8
9 Zündschloß S 1/Kl. 15
10
11 nicht belegt
12 Blinkgeber K 10/Kl. 49 C
13 Schalter Licht S 2.1/Kl. 56
14 Fernlicht Kl. 56 A vom Schalter Abblendlicht S 5.2
15 Masse
16 Blinkleuchte links H 13/L

Bild 1.39 Schaltplanauszug Kadett E GSi (Opel)
R 11 Regelschalter-Instrument
S 13 Schalter Feststellbremse
S 14 Schalter Öldruck
P 4   Geber Kraftstoffvorrat
P 5   Geber Temperatur
P 10 Geber Öldruck
P 14 Geber Wegstrecke
U 6   Instrument ZSB-LCD
U 6.1 Ladekontrolleuchte
U 6.2 Voltmeter
U 6.3 Kraftstoffanzeige
U 6.4 Kontrolleuchte Öldruck
U 6.5 Öldruckmesser
U 6.6 Temperaturanzeige
U 6.7 Kontrolleuchte Licht
U 6.8 Tachometer
U 6.9 Kontrolleuchte Fernlicht
U 6.10 Kontrolleuchte Blinker links
U 6.11 Kontrolleuchte Blinker rechts
U 6.13 Kontrolleuchte Feststellbremse
U 6.14 Drehzahlmesser
U 6.15 Kontrolleuchte Anhänger
U 6.21 Relais-Beleuchtung Display
U 6.22 Leuchten Display
U 6.23 Leuchte Tachometer (nicht eingebaut)
U 6.24 Umschalter Meilen/km (nur Instrument Meilen)
U 6.25 Umschalter Wegdrehzahl
X 5   Stecker Kabelsatz, Motor
X 6   Stecker Kabelsatz, hinten
X 8   Stecker LCD-Instrument, 26polig
X 9   Stecker LCD-Instrument, 16polig

Prüfprogramm für LCD-Instrument Kadett E GSi

Prüf-schritt	Prüf-geräte-anschluß	Schalter-stellung V	Schalter-stellung Ω	Prüfung von	Zusätzliche Bedienung/ Hinweise	Prüfwert/ Sollwert	Pol.-Nr. am 26pol. Stecker	Mögliche Fehlerursache
1	Ohm-meter		16	Masse-verbindung	Zündung AUS	< 10 Ω	9	1. Kabelunterbrechungen: vom LCD-Stecker X 8/Kl. 9 zur Fahrzeugmasse vom X 8/Kl. 10 zur Fahrzeugmasse
							10	
2			17				11	1. Kabelunterbrechung: vom LCD-Stecker X 8/Kl. 11 zur Fahrzeugmasse 2. Masseverbindung X 8/Kl. 11 aufgetrennt: Angezeige Geschwindigkeit im Display ist kleiner als gefahrene Geschwindigkeit
							10	
3	Voltmeter	1		Spannungsver-sorgung für Display-beleuchtung U 6.22	Zündung AUS	0 V	5	1. Displaybeleuchtung U 6.22 defekt 2. Kabelunterbrech. vom LCD-Stecker X 8/Kl. 5 zum Zündschloß S 1/Kl. 15 3. LCD-Instrument U 6 Unterbrechung in Flex. Leiterplatte
		1			Zündung EIN, (zwei Glühbirnen U 6.22 sind rechts und links auf der Platine im LCD-Instrument montiert und können ausgewechselt werden)	11.5V...14.5V, Display-beleuchtung U 6.22 EIN	10	

4	2	1	Spannungsversorgung für Tachometerbeleuchtung U 6.23	Zündung AUS Zündung EIN	0 V 11,5 V ... 14,5 V	15	1. Kabelunterbrechung: vom LCD-Stecker X 8/Kl. 15 zum Zündschloß S 1/Kl. 15
5	3	1	LCD-Instrumentenbeleuchtung U 6.22	Zündung EIN, Fahrlicht EIN, Ansteuerung des Relais U 6.21 im LCD für Instrumentenbeleuchtung U 6.22	10,5 V ... 14,5 V, U 6.22 und Kontrolleuchte U 6.7 grün, EIN	16	1. Kabelunterbrechung: vom LCD-Stecker X 8/Kl. 16 zum Lichtschalter S 2.1/Kl. 58 2. Lichtschalter S 2.1 defekt 3. Spannungsversorgung an S 2.1/Kl. 30 fehlt
6	4	1	Regelbare LCD-Instrumentenbeleuchtung U 6.22 durch Regler R 11	Zündung EIN, Motor anlassen, Standlicht EIN, Regler R 11 für LCD-Instrumentenbeleuchtung U 6.22 betätigen	6,5 V ... 14,5 V, LCD-Instrumentenbeleuchtung U 6.22 muß abdunkeln	3	1. Regelschalter – Instrumentenbeleuchtung R 11 defekt 2. Kabelunterbrechungen: vom LCD-Stecker X 8/Kl. 3 zum Regler R 11 vom R 11 zum Lichtschalter S 2.1/Kl. 58 3. Sicherung F2 – 10 A defekt 4. LCD-Instrument U 6 Unterbrechung in Flex. Leiterplatte
7	5	1	Geber Kraftstofftank P 4	Zündung EIN, je nach Tankfüllung: leer ¼ ½ ¾ voll	8,0 V ... 8,9 V 7,1 V ... 8,3 V 6,2 V ... 7,5 V 5,3 V ... 6,6 V 4,3 V ... 5,5 V	4	1. Geber Kraftstofftank P 4 defekt 2. Kabelunterbrechungen: vom LCD-Stecker X 8/Kl. 4 zum Geber Kraftstofftank P 4 vom P 4 zur Fahrzeugmasse 3. LCD-Instrument U 6 defekt

Prüfprogramm für LCD-Instrument Kadett E GSi

Prüf-schritt	Prüf-geräte-anschluß	Schalter-stellung V	Schalter-stellung Ω	Prüfung von	Zusätzliche Bedienung/Hinweise	Prüfwert/Sollwert	Pol.-Nr. am 26pol. Stecker	Pol.-Nr. am 26pol. Stecker	Mögliche Fehlerursache
8	Voltmeter	8	1	Geber Temperatur P 5 (Kühlmittel)	Zündung EIN, je nach Temperatur: kein Segment < 50°C 1. Segment ca. 50°C 2. Segment ca. 70°C 3. Segment ca. 80°C 4. Segment ca. 100°C 5. Segment ca. 110°C 6. Segment ca. 120°C	> 8,0 V 7,7 V ... 9,1 V 6,7 V ... 7,4 V 6,0 V ... 7,4 V 4,8 V ... 5,5 V 4,2 V ... 4,9 V 3,6 V ... 4,4 V	17	10	1. Prüfwert 10 V ± 0,1 V und alle Segmente und roter Warnrahmen AUS: Temperaturgeber P 5 oder Kabel von LCD-Stecker X 8/Kl. 17 zum P 5 hat Unterbrechung 2. Prüfwert < 3,6 V und alle Segmente EIN oder roter Warnrahmen blinkt: Temperaturgeber P 5 oder Kabel vom LCD-Stecker X 8/Kl. 17 zum P 5 hat Masseschluß 3. LCD-Instrument U 6 defekt
9		9	1	Generator G 2 (Ladespannung)	Zündung EIN, Ladekontrolleuchte U 6.1 ≙ viereckiger roter Rahmen in Spannungsanzeige	1,3 V ... 2,7 V, Ladekontrolleuchte U 6.1 EIN	1	10	1. Prüfwert < 1,3 V, Ladekontrolleuchte U 6.1 EIN: Kabel vom LCD-Stecker X 8/Kl. 1 zum Generator G 2/Kl. D+ hat Masseschluß, Generator G 2 hat Masseschluß 2. Prüfwert < 3 V, Ladekontrolleuchte U 6.1 AUS: Kabelunterbrechung: vom LCD-Stecker X 8/Kl. 1 zum G 2/Kl. D+; Generator G 2 defekt (Unterbrechung); 3. LCD-Instrument U 6 defekt
					Motor anlassen ca. 2000 min⁻¹	13,0 V ... 14,5 V, Ladekontrolleuchte U 6.1 AUS			

					... Verbindung vom G 2/Kl. B+ zum Anlasser M 1/Kl. 30
10	1	Geber Öldruck P 10	Zündung EIN, Motor anlassen, je nach Öldruck: 1. Segment > 30 kPa 2. Segment > 100 kPa 3. Segment > 200 kPa 4. Segment > 300 kPa 5. Segment > 400 kPa	< 2 V 2,1 V … 3,4 V 3,6 V … 5,2 V 4,5 V … 6,1 V 5,0 V … 6,6 V 5,4 V … 7,0 V	12	10	1. Prüfwert > 7,2 V und alle 5 Segmente EIN: Geber Öldruck P 10 hat Unterbrechung; Kabelunterbrechung; vom LCD-Stecker X 8/Kl. 12 zum P 10/Kl. 6 (Rundstecker) 2. Prüfwert 0 V und alle Segmente AUS: Geber Öldruck P 10 hat Masseschluß; Kabel vom LCD-Stecker X 8/Kl. 12 zum P 10/Kl. 6 hat Masseschluß (Rundstecker)
11	1	Schalter Öldruck S 14	Zündung EIN, Kontrolleuchte U 6.3 ≙ viereckiger roter Rahmen in Öldruckanzeige	0 V … 0,3 V, Kontrolleuchte U 6.3 EIN	22	10	1. Prüfwert < 9,5 V und Kontrolleuchte U 6.3 AUS: Schalter Öldruck S 14 hat Unterbrechung; Kabelunterbrechung; vom LCD-Stecker X 8/Kl. 22 zum S 14/Kl. WK (Flachstecker) 2. LCD-Instrument U 6 defekt 3. Prüfwert < 0,3 V, Kontrolleuchte U 6.3 blinkt und Öldruckanzeige in Ordnung: Schalter Öldruck S 14 hat Masseschluß; Kabel vom LCD-Stecker X 8/Kl. 22 zum S 14/Kl. WK hat Masseschluß (Flachstecker)
			Motor anlassen	> 9,5 V, Kontrolleuchte U 6.3 AUS			

Prüfprogramm für LCD-Instrument Kadett E GSi

Prüf-schritt	Prüf-geräte-anschluß	Schalter-stellung V	Schalter-stellung Ω	Prüfung von	Zusätzliche Bedienung/ Hinweise	Prüfwert/ Sollwert	Pol.-Nr. am 26pol. Stecker	Mögliche Fehlerursache
12	Voltmeter	15	1	Drehzahlmessersignal U 6.14 von der Zündspule L 2/Kl. 1	Motor anlassen, Gaspedal betätigen	9 V … 13 V, Drehzahlmesser U 6.14 muß Drehzahl anzeigen	7 10	1 Kabelunterbrechungen: vom LCD-Stecker X 8/Kl. 7 zur Zündspule L 2/Kl. 1 2. LCD-Instrument U 6 defekt
13		16	1	Geber Wegstrecke P 14	Zündung EIN, Antriebsräder langsam drehen	Pendelnd zwischen ≦ 0,5 V und ≧ 5 V	21 10	1. Prüfwert konstant > 8 V: Kabelunterbrechungen: vom LCD-Stecker X 8/Kl. 21 zum Geber Wegstrecke P 14 (Kabel: blau/rot) vom P 14 (Kabel: schwarz +) zum Zündschloß S 1/Kl. 15 von P 14 (Kabel: braun Masse) zur Fahrzeugmasse 2. P 14 defekt (Antrieb)

1.7.1 Sprechende Kontrollsysteme zur Überwachung von Fahrzeugfunktionen

Von der Firma Hella ist ein akustisches Informationssystem entwickelt worden. Die Kommunikation im Alltag, im Büro und im Haushalt findet fast ausschließlich in akustischer Form statt. Aus Versuchen heraus ist bekannt, daß diese Form auch für den Dialog zwischen Mensch und Maschine von Vorteil ist. Das neu von Hella entwickelte Kontrollsystem macht sich diese Tatsache zunutze und unterstützt die optische Anzeige mit einer Sprachdurchsage. Treten bestimmte Störungen auf, sagt das System dem Fahrer zusätzlich zur optischen Anzeige, was er tun muß. Dialoge wie zum Beispiel: «Vorsichtig anhalten. Die Bremsanlage ist defekt», wenn die Bremsflüssigkeit ausläuft und eine bestimmte Marke im Behälter unterschritten ist, sind im System gespeichert. Dabei wird die Lautstärke dem Geräuschpegel im Fahrzeug angepaßt. Wird ein Lautsprecher des Autoradios benutzt, unterbricht eine elektronische Weiche das Radio- oder Kassettenprogramm.

Damit die Aufmerksamkeit des Fahrers, befindet er sich beispielsweise im Gespräch mit einem Mitfahrer, auf die Durchsage gelenkt werden kann, ertönt zunächst ein Gong. Alle äußerst wichtigen Informationen beginnen mit dem Wort «Achtung», so z.B.: «Achtung!

Bild 1.40 Kommunikation Mensch – Maschine auch akustisch: Eine angenehme Stimme weist auf Störungen hin (Hella)

Bremssystem defekt» oder «Achtung! Kühlwasser zu heiß». Die Durchsage wird alle 2 min wiederholt. Informationen von geringerer Wichtigkeit werden mit dem Wort «Bitte» begonnen, z.B.: «Bitte Waschwasser nachfüllen» oder «Bitte Sicherheitsgurt anlegen». Diese Informationen werden nur einmal angesagt.

Ein weiterer Vorteil des Hella-Systems besteht darin, daß durch Betätigung einer Testtaste alle Meldungen, die seit der letzten Anlasserbetätigung erfolgten, wiederholt werden können.

Systemaufbau

Das sprechende System besteht aus den Sensoren, dem zentralen Kontrollgerät mit Sprachprozessor und einem Lautsprecher, z.B. dem des eingebauten Autoradios. Das Kontrollgerät hat einen Steuerteil und einen Sprachteil. Kernstück des Steuerteils ist ein Mikrocomputer. Daran sind über die entsprechende Peripherie-Elektronik die Sensoren angeschlossen.

Bei dem von Hella realisierten Seriengerät werden folgende Funktionen überwacht:

- ☐ Kühlmittelsystem
- ☐ Ölstand
- ☐ Tankinhalt
- ☐ Beleuchtungsanlage
- ☐ Bremsanlage
- ☐ Batteriespannung
- ☐ Anlegen des Sicherheitsgurtes
- ☐ Waschwasserstand

Tritt ein Fehler auf, registriert ihn der Steuerprozessor und informiert den Sprachprozessor. Dieser ruft die dazu passenden Sprachdaten aus seinem Speicher ab und generiert daraus ein elektronisches Sprachsignal. Das Sprachsignal durchläuft dann ein NF-Filter, um Rauschstörungen auszublenden, und einen NF-Verstärker zur Ansteuerung eines Lautsprechers.

Analyse-/Synthese-Verfahren

Für Speicherung und Wiedergabe der menschlichen Sprache stehen mehrere Verfahren zur Verfügung. Zwei Methoden, die im Kfz anwendbar sind, wollen wir hier vorstellen:

a) LPC-System (Linear Predictive Coding)

Die Sprachdaten werden aus Tonbandaufzeichnungen eines mit natürlicher Stimme gesprochenen Textes gewonnen. Die analog gespeicherte Sprachvorlage wird mit Hilfe eines aufwendigen Analyseprozessors zerlegt. Das Zerlegen dient dem Auffinden der sogenannten Sprachparameter, d. h. der besonderen Kennzeichen, die es ermöglichen, künstlich erzeugten Tönen menschlichen Klang zu verleihen. Bei einer auf Band gesprochenen Stimme werden das Klangbild und dessen zeitliche Änderung erfaßt. Es werden an den entscheidenden Stellen einzelne Proben entnommen. Die Informationen darüber, ob es sich um einen stimmhaften oder stimmlosen Laut handelt, wie lange er dauert und wie lang er ist, werden dann als Digitalwerte gespeichert, sie werden digitalisiert. Der Vorteil dieses Verfahrens ist, daß zur Speicherung der Sprachdaten nur ein relativ kleiner Datenspeicher benötigt wird.

Bei der Wiedergabeeinrichtung handelt es sich um ein elektronisches Simulationsmodell des menschlichen Sprachtraktes. Die Organe, die jeder Mensch zum Sprechen braucht, wie Lunge, Stimmbänder, Luftröhre, Kehlkopf usw., werden in ihrer Funktion auf elektronische Weise nachgebildet. Beim Sprechen wird dann auf direkte Weise Schall erzeugt. Das elektronische Simulationsmodell produziert nur Strom- bzw. Spannungsschwankungen, die dann von einem Lautsprecher in Schallereignisse umgewandelt werden. Auf diese Weise gibt man eine Kunstsprache wieder, die man vorher nach Abtasten einer menschlichen Tonbandstimme gespeichert hat. Zwei Generatoren, einer für die stimmlosen und einer für die stimmhaften Laute, simulieren die Luftdruckschwankungen, die bei Menschen von der Lunge und dem Kehlkopfsystem geliefert werden. Die erzeugten Grundtöne durchlaufen dann Filter, die in etwa die Funktion der Stimmstrecke zwischen Kehlkopf und Lippen imitieren. Hier verändern die vorher registrierten und eingegebenen Sprachparameter die eben erzeugten Töne, so daß der Eindruck einer menschlichen Stimme entsteht.

b) Signalform-Kodierung mit Datenverdichtungsverfahren

Wie beim LPC-Verfahren wird auch hier die Grundlage der Sprachdatenermittlung über eine Tonbandaufnahme betrieben. Die Sprachaufnahme wird zunächst zeitabhängig digitalisiert, also in kleine Stücke zerlegt. Hierbei fällt eine riesige Menge von Daten an. Diese Daten werden nun so weit komprimiert, daß die Sprachverständlichkeit noch ausreichend erhalten bleibt. Techniker nützen dabei die Tatsache aus, daß ohnehin die Hälfte der beim Sprechen hörbar werdenden Töne für die Verständlichkeit überflüssig ist. Das von der Firma Hella entwickelte optisch-akustische System arbeitet nach diesem Prinzip. Es zeichnet sich besonders dadurch aus, daß:

- Immer wiederkehrende sprachliche Einheiten nur einmal gespeichert werden.
- Eine weit geringere Datenmenge gespeichert wird. Das liegt daran, daß ein anderes Meßverfahren, die Delta-Modulation, Verwendung findet. Sprachsignale sind ja bekanntlich wellenförmige Schwingungen mit Tälern und Bergen. Um diese Signale speichern zu können, mißt man normalerweise den Abstand einzelner Punkte zur Basis. Bei der Delta-Modulation jedoch wird nur von einem Bezugspunkt aus zum nächsten gemessen, was eine Vielzahl von Meßpunkten zur Basis erspart.
- Weiterer Speicherplatz wird durch die Phasen-Winkel-Manipulation eingespart. Das geschieht dadurch, daß man die Form der Schwingungen so ändert, daß eine Symmetrie entsteht. Nun genügt es, die eine Hälfte der Schwingungen zu speichern. Die andere Hälfte wird sozusagen spiegelbildlich mitgespeichert, ohne zusätzlichen Speicherplatz zu beanspruchen.
- Sehr leise Töne, die auf die Verständlichkeit der Sprache keinen Einfluß haben, werden weggelassen.
- Gemeinsam mit der Information, nach welchem der Verfahren sie gewonnen wurden, werden die so ermittelten Sprachdaten im Speicher abgelegt. Bei der Signalformkodierung mit Datenkompression wird eine etwas höhere Speicherkapazität als beim LPC-Verfahren benötigt. Dafür ist die Sprachqualität derzeit aber deutlich besser als beim LPC-Verfahren.

Wiedergewinnung der gespeicherten Sprachdaten

Die Wiedergewinnung der gespeicherten Sprachdaten funktioniert bei beiden Systemen im Prinzip gleich. Nachdem die gewünschte Startadresse in den Sprachprozessor, der den Halbleiter verwaltet, eingegeben worden ist, holt dieser nacheinander die Steuer- und Sprachdaten aus dem Datenspeicher ab. Mit entsprechenden Rückwandlungsschritten werden digitale Sprachsignale wieder hergestellt und von digitalen Blöcken in ein natürlich klingendes analoges Sprachsignal umgewandelt. Die bei der Digital-Analog-Wandlung auftretenden sprunghaften Amplitudenänderungen werden in einem Sprachfilter unterdrückt. Danach durchläuft das Sprachsignal einen Nf-Verstärker. Das letzte Glied in dieser Kette ist der Autolautsprecher.

Durch Auswechseln bzw. Ergänzen von Sprachmodulen kann relativ einfach die Sprache geändert werden. Gemeinsam mit der Automobilindustrie hat Hella ein zentrales Kontrollsystem mit Sprachinformationen entwickelt, das beispielsweise im Audi quattro Bestandteil der Serienausstattung ist.

2 Eigendiagnose elektronischer Systeme

Die immer komplexeren und zahlreicheren Elektroniksysteme stellen erhöhte Anforderungen an das Service-Personal. Eigendiagnose-Systeme helfen dem Monteur beim schnellen Finden von Fehlern und senken so die Werkstattkosten.

Voraussetzungen für die Eigendiagnose im Fahrzeug sind rechnergesteuerte Systeme mit seriellen, genormten Schnittstellen sowie genügend Leistungsreserven der einzelnen Mikrocomputer. Das Steuergerät führt beim Start eine Rechnerselbstprüfung und während des Motorbetriebs ständig die Diagnose durch: Es kontrolliert die Geber und erkennt Wackelkontakt auf Geberleitungen. Die Stellglieder werden im Stillstand bei eingeschalteter Zündung überprüft. Zwar kann das System keine mechanischen Defekte erkennen, jedoch wird mit dem Aufzeigen von «Fehlerpfaden» dem Werkstattmann schon sehr geholfen, zumal alle diagnostizierbaren Defekte in einem Dauerspeicher festgehalten werden. Außerdem informieren blinkende oder dauerleuchtende Warnsymbole im Armaturenbrett den Fahrer über kritische Fehler, beispielsweise im Einspritzsystem oder im Antiblockiersystem. In der Werkstatt werden Fehler entweder mit Hilfe einer Blinklampe im Armaturenbrett oder eines Testers erkannt. Bei der Arbeit mit der Blinklampe muß der Mechaniker den Blinkcode mit Hilfe von Tabellen interpretieren. Wird ein Testgerät verwendet, so bekommt der Monteur Fehlerbeschreibungen im Klartext angeboten. Sobald der Fehler behoben ist, wird der Fehlerspeicher gelöscht, um für eine erneute Eigendiagnose bereit zu sein.

2.1 Fahrzeug-Systemdiagnose am Beispiel VW/Audi

Je mehr elektronische Komponenten in unseren Fahrzeugen verarbeitet werden, desto schwieriger wird die Fehlersuche für den Werkstattmechaniker. Zunehmend gehen die Automobilhersteller in Zusammenarbeit mit der Zulieferindustrie dazu über, die elektronischen Fahrzeugsysteme mit Eigendiagnose-Systemen auszustatten.

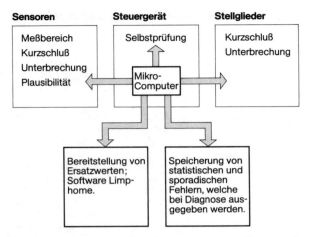

Bild 2.1 Bei Selbstdiagnose-Systemen werden auch Fehler der Sensoren und Stellglieder erkannt und angezeigt. Ein Notprogramm sorgt für den Erhalt der Betriebsfunktionen (Bosch)

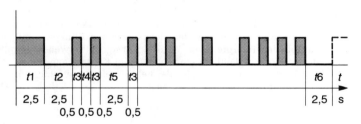

Bild 2.2 Beispiel einer Fehleranzeige. Die Blinkimpulse geben den Fehlercode «2314» wieder (VW)

Es bedeuten:
- t1 Startsignal
- t2 Pause vor der ersten Impulsgruppe
- t3 Zeit eines Blinkimpulses
- t4 Pause zwischen den einzelnen Blinkimpulsen
- t5 Pause zwischen den Blinkimpulsgruppen
- t6 Pause nach der vierten Blinkimpulsgruppe am Ende der Übertragung

Anhand eines Fehlercodes kann der Mechaniker dann problemlos den Fehler eingrenzen und beheben.

Die Arbeitsweise eines solchen Systems soll anhand der Selbstdiagnose für den Audi 100/200 ab Modelljahr 1986, der mit einer vollelektronischen Zündanlage ausgestattet ist, dargestellt werden. Im «Allgemeinen Lastenheft für eine Selbstdiagnose mit Datenausgabe bei elektronischen Steuergeräten in Kraftfahrzeugen» hatten die Audi-Techniker die Merkmale eines solchen Systems definiert. An einer gut zugänglichen Stelle sollte eine Schnittstelle zwischen dem Steuergerät des Fahrzeugs und einem Diagnosegerät oder einer Fehlerlampe geschaffen werden. Die Diagnose kann dann über eine Reizleitung eingeleitet und der Fehler anhand eines Blinkcodes abgelesen werden. Möglich ist darüber hinaus der Anschluß eines Diagnosecomputers, an dem der Fehler direkt abgelesen werden kann.

Zwingend vorgeschrieben werden sollte eine Fehlerlampe im Armaturenbrett, die immer dann aufleuchtet, wenn durch einen Systemfehler Gefahr für die Fahrzeuginsassen oder für Fahrzeugkomponenten entstehen kann. Das Diagnosesystem wird über eine spezielle Reizleitung aktiviert und gleichzeitig damit der Blinkcode für den jeweiligen Fehler ausgegeben. Dieser Blinkcode kann entweder an der Fehlerlampe im Armaturenbrett oder am speziellen Diagnosegerät abgelesen werden. Der Diagnose-Modus wird durch einen kurzzeitigen Masseschluß der Reizleitung ausgelöst. Das Steuergerät gibt daraufhin den Code für den ersten Fehler ab. Anhand der Service-Unterlagen ist der Mechaniker nun in der Lage, den jeweiligen Blinkcode zu entschlüsseln. Ist der Fehler definiert, kann der Mechaniker durch erneuten Masseschluß den Reizschluß für den zweiten, dritten usw. Fehler abrufen, bis das Steuergerät das Ende des Fehlerzyklus anzeigt. Jeder Fehlercode besteht aus vier Blöcken von ein bis vier Blinksignalen. Durch die festgelegte Byte-Zahl können 256 Fehler sichtbar gemacht werden.

Für die Datenübertragung werden die Signale laut Audi-Lastenheft im NRZ-Code mit 8 Bit und je einem Start- und Stopp-Bit übertragen. Zwischen Tester und Steuergerät wird eine Datenleitung unter folgenden Voraussetzungen verwendet: Die Übertragung beginnt mit einem Identifikationssignal, das aus einem 10-Bit-Wort besteht (hexadezimal mit Start- und Stopp-Bit). Dieses Signal dient zur Synchronisation des Diagnosegerätes. Es folgt ein Key-Wort, ein 2-Byte-Wort, das aus einem zuerst gesendeten, höherwertigen und einem niederwertigen Byte besteht. Allgemein verwendet Audi derzeit das Key-Wort 10. Das Diagnosegerät sendet das empfangene Signal in gleicher Form an das Steuergerät zurück. Geht das korrekte Signal im Rücklauf im Steuergerät ein, ist die Datenverbindung aufgebaut, und das Steuergerät schaltet die Reizleitung frei, die Prüfung kann beginnen. Erhält das Steuergerät dagegen nach dreimaligem Aussenden keine richtige Antwort, geht das Steuergerät davon aus, daß kein Diagnosegerät angeschlossen ist.

Einige Steuergeräte verfügen noch nicht über einen Speicher, der den Diagnosecode auch nach dem Ausschalten der Zündung festhält. In diesem Fall muß der Mechaniker vor der Prüfung einige Minuten fahren, damit sich der Code neu im Steuergerät aufbauen kann. Bei diesen Geräten reicht nach der Code-Identifizierung ein Ausschalten der Zündung, um den Fehlercode zu löschen. Bei anderen Geräten ist hierzu ein Abklemmen des Steuergerätes oder des Fahrzeugbatterie-Minuspols erforderlich.

Zur Systematisierung der Fehlercodes werden die Codes nach bestimmten Kriterien vergeben. So zeigt die erste Zahl des vierstelligen Codes die Hauptgruppe an, in der der Fehler lokalisiert ist. Für die Sensoren und Stellglieder der Baugruppen Fahrwerk/Getriebe ist die erste Zahl eine «1». Die Sensoren der Baugruppe Motor werden mit der ersten Zahl «2», die Sensoren und Stellglieder der Informations- und Komfortelektronik mit der ersten Zahl «3» und die Motor-Stellglieder mit der ersten Zahl «4» gekennzeichnet. Jeder einzelne Fehler wird dann im Code abgelegt. Außerdem kann abgelesen werden, ob der Fehler nur sporadisch oder über einen längeren Zeitraum auftritt.

2.2 Selbstdiagnose am Audi 200 turbo mit 2,2-l-Einspritzmotor

Bei diesem System werden Störungen nur bei eingeschalteter Zündung gespeichert. Ein Ausschalten der Zündung bewirkt eine Löschung des Speicherinhaltes. Eine Fehlerlampe im Armaturenbrett informiert den Fahrer, wenn ein Fehler zu einem weitergehenden Motorschaden führen kann.

Zur Aktivierung des Fehlercodes ist der Motor zu starten und eine Probefahrt von mindestens fünf Minuten zu unternehmen. Der Motor muß hierbei über 3000/min drehen und der Ladedruck 1 bar überschreiten. Kurzzeitig auch das Gaspedal ganz durchtreten. Mit einer 10-A-Stecksicherung werden bei im Leerlauf drehendem Motor (unter 2000/min) die Kontakte am Kraftstoffpumpenrelais für mindestens vier Sekunden überbrückt. Danach erscheint an der Fehlerlampe entweder der Speicherinhalt «4444», kein Fehler gespeichert, als Blinksignal oder ein entsprechender Fehlercode. Ist dieser definiert, den Kontakt am Kraftstoffpumpenrelais erneut überbrücken und den zweiten Fehlercode ablesen. Erscheint dagegen der Code «0000», ist kein weiterer Fehler gespeichert.

Jede Fehlercode-Anzeige beginnt mit einem Startsignal: Die Fehlerlampe leuchtet für 2,5 s und bleibt dann für 2,5 s ausgeschaltet. Danach wird die Blinkimpulsgruppe des jeweiligen Fehlers übertragen. Hierbei wird zwischen jeder der vier Zahlen einer Impulsgruppe ein Abstand von 2,5 s eingehalten. Die einzelnen Blinkimpulse sowie die Pausen innerhalb einer Zahl sind 0,5 s lang. Dieser Durchlauf wird so lange wiederholt, bis durch Überbrücken der Klemmen am Kraftstoffpumpenrelais der nächste Code abgerufen wird. Sind alle Codes abgerufen, blinkt die Fehlerlampe nach dem erneuten Überbrücken der Klemmen am Kraftstoffpumpenrelais 2,5 s auf und bleibt dann für ca. 15 s erloschen. Dieser Ablauf wird so lange wiederholt, bis die Zündung ausgeschaltet oder die Motordrehzahl über 2000/min erhöht wird.

Bei der Behebung der abgelesenen Fehler muß immer in der Reihenfolge der Anzeige vorgegangen werden. Nach der Instandsetzung ist erneut eine Probefahrt durchzuführen und der Fehlercode zur Kontrolle noch einmal abzurufen. Ist alles in Ordnung, dann erscheint nach dem Startsignal der Code «4444»: kein Fehler gefunden.

2.3 Selbstdiagnose bei elektronischen Benzineinspritzsystemen und Motorsteuerungen

Um die Fehlersuche für das Werkstattpersonal zu vereinfachen, werden zunehmend elektronische Systeme mit Selbstdiagnose-Einrichtungen versehen. Am Beispiel der elektronischen Motor- und Benzineinspritzsteuerung der Honda-Typen Ciciv, Accord und Prelude soll die Fehlersuche mit einem Selbstdiagnose-System nachfolgend ausführlich beschrieben werden.

2.3.1 Fehlersuchtabelle – Selbstdiagnose-System

Hinweis

- [ ] Das Selbstdiagnose-System zeigt einen Fehler nur dann an, wenn die Zündung eingeschaltet ist.
- [ ] Die Selbstdiagnose-LEDs befinden sich im elektronischen Steuergerät.
- [ ] Das elektronische Steuergerät befindet sich unterhalb des Beifahrersitzes (Civic/Accord) bzw. hinter der linken Seitenverkleidung (Prelude).

- Die PGM-FI-Warnleuchte befindet sich in der Instrumenteneinheit.
- Wird vom Computer ein Fehler festgestellt, so wird dieser im Speicher festgehalten und ein entsprechender Alternativwert vorgegeben. Um den Speicher zu löschen, muß nach dem Beheben eines Fehlers die Batterie kurzzeitig (ca. 10 s) abgeklemmt werden.

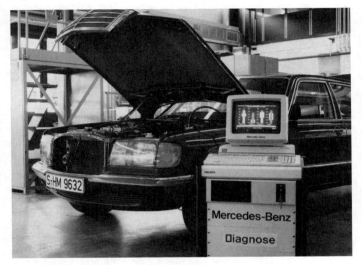

Bild 2.3 Die Werkstatt kann schnell und präzise die im Selbstdiagnose-System gespeicherten Fehler abrufen und beseitigen (DB)

CIVIC

LED-Anzeige	PGM-FI-Warnlampe	Symptom	Mögliche Ursache
○ ○ ○ ○	– aus –	– Motor springt nicht an	– Getrenntes Kabel zur Steuereinheit – Defekte Steuereinheit – Lose oder schlecht verbundene Steckverbindung zum ECU
	– an –	– Motor springt nicht an – Kein besonderes Symptom erkennbar	– Massekabel zum ECU getrennt – Kurzschluß im Instrumentenbrett – Defekte Steuereinheit
○ ○ ●2 ●1	– aus –	– Verrußte Zündkerzen – Motor bleibt häufig stehen – Stottern	– MAP-Sensor defekt – Getrennter Stecker des MAP-Sensors – Offener Stromkreis/Kurzschluß
○ ●4 ○ ●1	– aus –	– Verrußte Zündkerzen – Motor bleibt häufig stehen – Stottern	– Unterdruckschlauch vom MAP-Sensor unterbrochen
○ ●4 ●2 ○	– aus –	– Springt kalt schlecht an – Zu hohe Leerlaufdrehzahl – Leerlaufdrehzahl beim Warmlaufen zu hoch	– Tw-Sensor defekt – Getrennter Stecker des Tw-Sensors – Offener Stromkreis/Kurzschluß
○ ●4 ●2 ●1	– aus –	– Nimmt kalt schlecht Gas an – Nimmt schlecht Gas an – Schlechter Kaltstart	– Defekter Drosselklappensensor – Getrennte Kabelsteckverbindung des Drosselklappensensors – Offener Stromkreis/Kurzschluß
●8 ○ ○ ○	– aus –	– Ungleichmäßige Leerlaufdrehzahl – Nimmt schlecht Gas an – Zu hohe Leerlaufdrehzahl	– Defekter TDC-Sensor – Getrennte Kabelsteckverbindung des TDC-Sensors – Offener Stromkreis/Kurzschluß
●8 ○ ○ ●1	– aus –	– Wie oben	– Wie oben (CYL-Sensor)

LED-Anzeige	PGM-FI-Warnlampe	Symptom	Mögliche Ursache
8 2 🌟 ○ 🌟 ○	– an –	– Zu hohe Leerlaufdrehzahl – Falsche Leerlaufdrehzahl bei kaltem Motor	– Defekter TA-Sensor – Getrennte Kabelsteckverbindung des TA-Sensors – Offener Stromkreis/Kurzschluß
8 2 1 🌟 ○ 🌟 🌟	– an –	– Kein besonderes Symptom erkennbar – Zu hohe Leerlaufdrehzahl	– Defekter IMA-Sensor – Getrennte Kabelsteckverbindung des IMA-Sensors – Offener Stromkreis/Kurzschluß
8 4 1 🌟 🌟 ○ 🌟	– an –	– Schlechte Leistung bei großen Höhenlagen – Motor springt bei Kälte in großen Höhenlagen schlecht an	– Defekter PA-Sensor – Getrennte Kabelsteckverbindung – Offener Stromkreis/Kurzschluß

ACCORD/PRELUDE

Anzahl des Aufblinkens der Leuchtdiodenanzeige zwischen 2-Sekunden-Pausen	PGM-FI-Warnleuchte	Symptom	Mögliche Ursache
0	– aus –	– Motor springt nicht an	– Getrenntes Kabel zur Steuereinheit – Defekte Steuereinheit
	– an –	– Motor springt nicht an – Kein besonderes Symptom feststellbar	– Lose oder schlecht verbundene Steckverbindung zum ECU – Massekabel zum ECU getrennt – Kurzschluß im Instrumentenbrett – Defekte Steuereinheit
1 nicht für KG	– aus –	– Leerlaufdrehzahl zu hoch	– Defekte Lambda-Sonde

Anzahl des Aufblinkens der Leuchtdiodenanzeige zwischen 2-Sekunden-Pausen	PGM-FI-Warnleuchte	Symptom	Mögliche Ursache
		– Kein besonderes Symptom feststellbar	– Defekte Zündkerzen – Getrennte Kabelsteckverbindung der Lambda-Sonde – Offener Stromkreis/Kurzschluß – Fehlerhaftes Kraftstoffsystem
3	– aus –	– Verrußte Zündkerzen – Motor bleibt häufig stehen – Stottern	– MAP-Sensor defekt – Getrennter Stecker des MAP-Sensors – Offener Stromkreis/Kurzschluß
5	– aus –	– Verrußte Zündkerzen – Motor bleibt häufig stehen – Stottern	– Unterdruckschlauch vom MAP-Sensor unterbrochen
6	– aus –	– Springt kalt schlecht an – Zu hohe Leerlaufdrehzahl – Leerlaufdrehzahl beim Warmlaufen zu hoch	– Tw-Sensor defekt – Getrennter Stecker des Tw-Sensors – Offener Stromkreis/Kurzschluß
7	– aus –	– Nimmt kalt schlecht Gas an – Nimmt schlecht Gas an – Schlechter Kaltstart	– Defekter Drosselklappensensor – Getrennte Kabelsteckverbindung des Drosselklappensensors – Offener Stromkreis/Kurzschluß
8	– aus –	– Ungleichmäßige Leerlaufdrehzahl – Zu hohe Leerlaufdrehzahl	– Defekter TDC-Sensor – Getrennte Kabelsteckverbindung – Offener Stromkreis/Kurzschluß
9	– aus –	– Wie oben	– Wie oben (CYL-Sensor)

Anzahl des Aufblinkens der Leuchtdiodenanzeige zwischen 2-Sekunden-Pausen	PGM-FI-Warnleuchte	Symptom	Mögliche Ursache
10	– an –	– Zu hohe Leerlaufdrehzahl – Falsche Leerlaufdrehzahl bei kaltem Motor	– Defekter TA-Sensor – Getrennte Kabelsteckverbindung – Offener Stromkreis/Kurzschluß
11	– an –	– Zu hohe Leerlaufdrehzahl – Kein besonderes Symptom erkennbar	– Defekter IMA-Sensor – Getrennte Kabelsteckverbindung des IMA-Sensors – Offener Stromkreis/Kurzschluß
13	– an –	– Schlechte Leistung bei großen Höhenlagen – Motor springt bei Kälte in großen Höhenlagen schlecht an	– Defekter PA-Sensor – Getrennte Kabelsteckverbindung – Offener Stromkreis/Kurzschluß

2.3.2 Honda-PGM-FI-Tester

Zur Prüfung des PGM-FI-Systems einschließlich des Steuergerätes hat Honda ein spezielles Testgerät entwickelt. Lediglich der Honda Civic 1.5 i GT mit Katalysator kann nicht mit dem Tester geprüft werden. Für dieses Modell ist der spezielle Prüfkabelbaum (Honda-ET-Nr. 07999-PE70000) erforderlich.

Hinweis:

Wie jedes andere empfindliche elektronische Gerät muß der PGM-FI-Tester besonders sorgfältig behandelt werden. Insbesondere können starke Erschütterungen, Feuchtigkeit und Schmutz die Funktion des Gerätes negativ beeinflussen. Auch sollte der Tester niemals neben einer Wärmequelle oder im Sommer im geschlossenen Fahrzeug aufbewahrt werden.

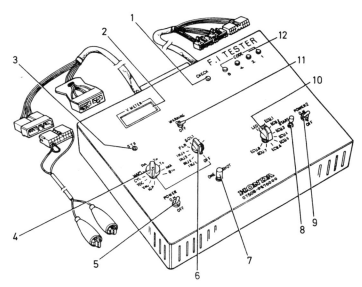

Bild 2.4 Der Honda-PGM-FI-Tester (Honda Deutschland)
Es bedeuten:
1 Check-LED
2 Voltmeter
3 Starter-Signal-LED
4 Sensor-Wählschalter
5 Hauptschalter 1
6 Prüf-Wählschalter
7 One-shot-Druckknopf
8 Startknopf
9 Hauptschalter 2
10 Computer-Wählschalter
11 Schalter für PGM-FI-Warnlampe
12 Code-LEDs

2.3.3 Prüfprogramm für den Honda-PGM-FI-Tester

Prüfanweisung	Bemerkung
Prüfen des Steuergerätes	
Beifahrersitz entfernen	
Kabelsteckverbindungen vom Steuergerät (ECU) entfernen	
Den PGM-FI-Tester zwischen das Steuergerät und den Kabelbaum schalten	– Sicherstellen, daß die zwei Power-Schalter des Testgerätes ausgeschaltet sind (OFF)
Den Computer-Wählschalter auf ECU 1 stellen	
Die Power-Schalter 1 und 2 auf ON (EIN) schalten	
Die Check-LED und die Code-LEDs müssen aufleuchten. Die Check-LED muß nach ca. 2 s erlöschen	– Leuchtet eine LED nicht auf, oder flackern die Code-LEDs, so deutet dies auf einen fehlerhaften Tester hin
	– Wenn die Code-LEDs 8, 4 und 2 flackern, so deutet dies auf eine zu niedrige Batteriespannung hin
Nachdem die Check-LED erloschen ist, den Startknopf drücken	
Die Check-LED leuchtet wieder auf, und die Code-LEDs müssen abwechselnd in der Reihenfolge 8, 4, 2 und 1 aufleuchten	– Dieser Vorgang dauert so lange, bis die Check-LED erlischt
Nach ca. 1,2 min muß die Check-LED erlöschen, und alle Code-LEDs müssen aufleuchten	– Wenn irgendeine Code-LED flackert, so zeigt dies an, daß das Steuergerät defekt ist; das Steuergerät ist in diesem Fall zu ersetzen

Prüfanweisung	Bemerkung

Prüfung der Selbstdiagnose-LEDs im Steuergerät

Den Tester in der gleichen Weise anschließen wie bei der Prüfung des Steuergerätes

Die Power-Schalter 1 und 2 auf ON (Ein) schalten

Hinweis:

Die Check-LED und die Code-LEDs müssen aufleuchten; die Check-LED muß nach ca. 2 s erlöschen

— Leuchtet eine LED nicht auf, oder flackern die Code-LEDs, so deutet dies auf einen fehlerhaften Tester hin

— Wenn die Code-LEDs 8, 4 und 2 flackern, so deutet dies auf eine zu niedrige Batteriespannung hin

Den Computer-Wählschalter auf LED stellen

Nachdem die Check-LED erloschen ist, den Startknopf drücken

Die Check-LED und die Code-LEDs 2 und 4 müssen aufleuchten; nach ca. 5 s müssen die Selbstdiagnose-LEDs 2 und 4 im Steuergerät (ECU) für ca. 10 s aufleuchten

— Leuchten die Selbstdiagnose-LEDs 2 und 4 nicht auf, so zeigt dies an, daß das Steuergerät defekt ist

Die Code-LEDs 2 und 4 erlöschen, und die Code-LEDs 8 und 1 leuchten auf

Nach ca. 5 s müssen die Selbstdiagnose-LEDs 8 und 1 im Steuergerät (ECU) aufleuchten

— Leuchten die Selbstdiagnose-LEDs 8 und 1 nicht auf, so zeigt dies an, daß das Steuergerät defekt ist

Prüfanweisung	Bemerkung
Die Code-LEDs 8 und 1 erlöschen und leuchten dann wieder auf	
Die Check-LED muß erlöschen, und alle Code-LEDs müssen aufleuchten	– Wenn die Code-LEDs flackern, so zeigt dies an, daß das Steuergerät (ECU) defekt ist

3 Elektronische Steuerung von Antiblockiersystemen (ABS)

Für das Autofahren ist es wichtig, daß zwischen den rollenden Reifen und der Straßenoberfläche stets eine Kraftübertragung stattfinden kann. Nur ein rollender Reifen kann gleichzeitig Brems- und Seitenführungskräfte übertragen. Das Maximum der Kraftübertragung – beim Anfahren wie beim Bremsen – wird dann erreicht, wenn das Rad einen geringen Schlupf aufweist. Schlupf bedeutet, das die Umfangsgeschwindigkeit des Rades nicht der Fahrzeuggeschwindigkeit entspricht, d.h., blockierte Räder haben beim Bremsen 100% Schlupf, da die Räder rutschend einen Weg zurücklegen, ohne sich zu drehen.

Versuche haben nun ergeben, daß je nach Reibwert zwischen Reifen und Fahrbahn die größten Bremskräfte bei einem Schlupf von 8 bis 35% übertragen werden können. Da die meisten Fahrer in einer Schrecksituation erfahrungsgemäß mit voller Kraft auf das Bremspedal treten, wird der Bereich der optimalen Bremskraft überschritten, bis hin zum Blockieren der Räder. Die damit erreichbare Verzögerung des

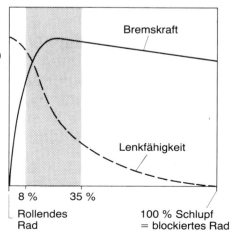

Bild 3.1
Bremskraft und Lenkfähigkeit in Abhängigkeit vom Schlupf; schraffierter Bereich ist der Arbeitsbereich des ABS (VW)

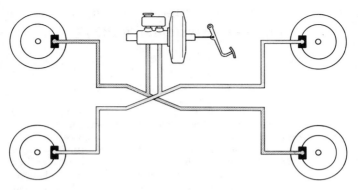

Bild 3.2 Funktionsschaltbild des Antiblockiersystems (VW)

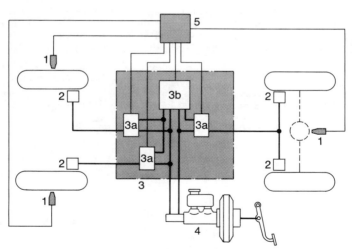

Bild 3.3 Komponenten des Opel-ABS (Opel)
Es bedeuten:
1 Drehzahlfühler
2 Radbremszylinder
3a Magnetventile
3b Rückförderpumpe
4 Tandem-Hauptbremszylinder
5 Elektronisches Steuergerät

Fahrzeugs ist aber immer geringer als die bei größter Bremskraft. Außerdem läßt sich das Fahrzeug bei blockierenden Rädern mangels Seitenführungskräften nicht mehr lenken.

Das Antiblockiersystem regelt nun über eine elektronische Steuereinheit auch bei voll getretenem Bremspedal den Bremsdruck so, daß immer im Bereich der größten Bremskraft gebremst wird. Dazu sind meist an allen vier Rädern des Kraftfahrzeugs Drehzahlaufnehmer montiert, die induktiv nach Drehzahl unterschiedliche Wechselspannungen erzeugen und an das Steuergerät weiterleiten. Die Elektronik ermittelt aus zwei hintereinander folgenden Signalen die Drehzahländerung pro Rad. Liegt diese über einem bestimmten Wert, so erfolgt am Hydraulikzylinder der Bremsdruckabbau des jeweiligen Rades. Danach wird wieder Druck aufgebaut. Diese pulsierende Druckregelung erfolgt 4- bis 10mal je Sekunde, so daß immer mit größtmöglicher Bremsleistung gebremst werden kann.

3.1 ABS bei Opel

Anhand des von Opel eingebauten ABS soll der Systemaufbau im folgenden näher erklärt werden:

Das Antiblockiersystem besteht aus der normalen Bremsanlage und den besonderen Komponenten gemäß Bild 3.3.

Das Hydroaggregat ist bei allen Opel-Fahrzeugen auf der linken Seite im Motorraum, unterhalb des Federbeindoms, montiert. Eine Ausnahme hierzu bilden alle Opel-Fahrzeuge mit 1,8-l-Motor. Dort befindet sich das Hydroaggregat auf der rechten Seite im Motorraum, zwischen dem Scheinwerfer und dem Federbeindom. Das Hydroaggregat kann, unabhängig vom Druck im Tandem-Hauptbremszylinder, den Flüssigkeitsdruck zu den Radbremszylindern während der Regelung halten oder reduzieren. Eine Druckerhöhung gegenüber dem vom Hauptbremszylinder eingesteuerten Druck ist jedoch nicht möglich. Vom grundsätzlichen Aufbau her besteht das Hydroaggregat aus drei schnellschaltenden Magnetventilen, aus zwei Speichern – je Bremskreis einer – und der Rückförderpumpe. Hierbei ist je ein Magnetventil der linken bzw. der rechten Vorderradbremse zugeordnet. Das dritte Magnetventil steuert den Bremsdruck zur Hinterradbremse. Diese Art der Aufteilung wird als «Drei-Kanal-Anlage» bezeichnet. Die verarbeiteten Signale der Drehzahlfühler erhält das Hydroaggregat vom elektronischen Steuergerät. Im Schaltschema nach Bild 3.6 ist die Zuordnung der verschiedenen Komponenten im Hydroaggregat aufgezeigt.

Die Raddrehungen werden von induktiven Drehzahlfühlern (Sensoren) an den Vorderrädern und der Hinterachse erfaßt. Dabei entsteht

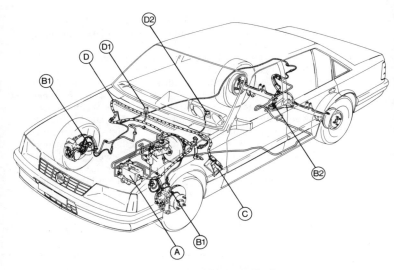

Bild 3.4 Anordnung der ABS-Anlage im Fahrzeug (Opel)
Es bedeuten:
- A   Hydroaggregat
- B1 Drehzahlfühler Vorderachse
- B2 Drehzahlfühler Hinterachse
- C   Elektronisches Steuergerät
- D   Serienmäßiger Kabelsatz mit integrierten ABS-Anschlüssen
- D1 Überspannungsschutzrelais
- D2 ABS-Kontrollampe

Bild 3.5
Das Hydroaggregat ist im Motorraum unterhalb des Federbeindomes befestigt (Opel)

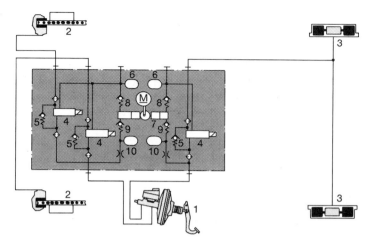

Bild 3.6 Schaltschema Hydroaggregat (Opel)
Es bedeuten:
1 Tandem-Hauptbremszylinder
2 Vorderradbremse
3 Hinterradbremse
4 Magnetventile
5 Rückschlagventile
6 Pumpenspeicher
7 Rückförderpumpe
8 Pumpeneinlaßventile
9 Pumpenauslaßventile
10 Geräuschdämpfer
(M) Rückförderpumpenmotor

ein elektrisches Signal, das dem elektronischen Steuergerät zugeführt wird. Bei dem in der Opel-Rekord-E-Version eingebauten Anlage mit drei Drehzahlfühlern wird an der Vorderachse jedes Rad getrennt und an der Hinterachse die mittlere Geschwindigkeit am Antriebskegelrad gemessen. Die Drehzahlfühler für die Vorderräder sind in den Achsschenkel eingebaut, wobei der Zahnkranz, der als Impulsgeber dient, auf der Vorderradnabe aufgepreßt ist. Da es sich hierbei um Drehzahlfühler mit achsialem Abgriff handelt, müssen sie nicht auf ein bestimmtes Spaltmaß eingestellt werden. Der Drehzahlfühler für die Hinterachse befindet sich im Hinterachsgehäuse. Der Zahnkranz, als Impulsgeber, ist auf dem Antriebskegelrad aufgepreßt und mit 96 Zähnen versehen. Auch dieser Drehzahlfühler muß bei Rekord-E-Typen nicht auf ein bestimmtes Spaltmaß eingestellt werden.

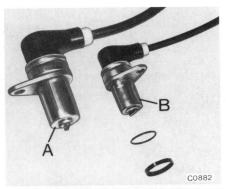

Bild 3.7
Induktive Drehzahlfühler für die Vorderräder (A) und die Hinterräder (B) (Opel)

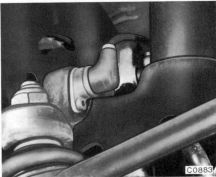

Bild 3.8
Montierter Drehzahlfühler an der Vorderachse (Opel)

Bild 3.9
Montierter Drehzahlfühler an der Hinterachse (Opel)

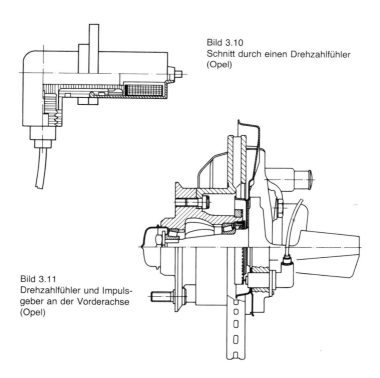

Bild 3.10
Schnitt durch einen Drehzahlfühler
(Opel)

Bild 3.11
Drehzahlfühler und Impulsgeber an der Vorderachse
(Opel)

Aus einem Magnetkern und einer Spule werden die Drehzahlfühler gebildet. Die Polspitzen sind von einem magnetischen Feld umgeben. Die Zähne der Impulsgeber bewegen sich bei der Raddrehung durch dieses magnetische Feld. Dadurch ändert sich der magnetische Fluß, und in der Spule des Drehzahlfühlers wird eine Wechselspannung induziert. Entsprechend der Raddrehzahl ändert diese Wechselspannung ihre Frequenz und Amplitude, sie ist der Raddrehzahl proportional.

Bei Drei-Kanal-Anlagen werden die Vorderräder einzeln und die Hinterräder gemeinsam geregelt. Das bewirkt, daß die Regelwirkung an der Hinterachse von dem Rad mit dem geringsten Kraftschluß, also mit der größten Blockierneigung, abgestimmt wird.

Bei dem elektronischen Steuergerät handelt es sich um eine Einplatinen-Ausführung. Die Platine ist beidseitig mit Leiterbahnen versehen und einseitig mit Bauteilen wie Widerständen, Dioden, Transisto-

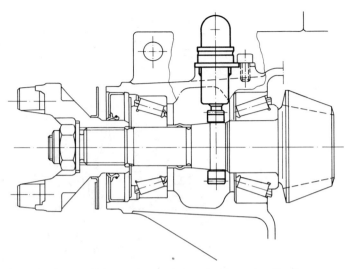

Bild 3.12 Drehzahlfühler und Impulsgeber an der Hinterachse (Opel)

ren und Großschaltkreisen bestückt. Eine dieser integrierten Schaltungen (IC) beinhaltet alleine mehrere tausend Transistoren, die sich auf einem einzigen Silizium-Plättchen befinden. Die innerhalb des elektronischen Steuergerätes liegende Platine wird von einem abgedichteten Leichtmetallgehäuse umschlossen. Die elektrischen Signale der Drehzahlregler, die der Radgeschwindigkeit proportional sind, werden im Steuergerät zur Beschleunigungs-, Verzögerungs- und Schlupfgrößenerrechnung verwendet. Dadurch entstehen Steuerbefehle für die elektromagnetisch betätigten Ventile im Hydroaggregat. Beim Austausch eines Steuergerätes muß darauf geachtet werden, daß nur das zum jeweiligen Fahrzeugmodell passende Steuergerät Verwendung findet.

In folgende Funktionsbereiche kann das elektronische Steuergerät aufgeteilt werden:

☐ Signalaufbereitungsteil
☐ Logikteil
☐ Sicherheitsschaltung

Im Signalaufbereitungsteil werden die Signale der Drehzahlfühler zu Beschleunigungs-, Verzögerungs- und Schlupfgrößen umgerechnet.

Durch logische Verbindungen dieser Größen entstehen Steuerbefehle für die elektromagnetisch betätigten Ventile im Hydroaggregat, welche im Logikteil verarbeitet werden. Durch Herstellertoleranzen bedingte Störungen bei der Radgeschwindigkeitsmessung sowie Störungen, die durch Bewegungen im Achsschenkel auftreten können, werden durch Filterung der Eingangssignale vor ihrer Verarbeitung neutralisiert.

Im Logikteil des Steuergerätes fließen folgende Informationen der geregelten Räder zusammen:

☐ Radschlupf-Blockierneigung
☐ Raddrehbeschleunigung
☐ Radverzögerung

Die Magnetventile des Hydroaggregates werden von den Ausgangssignalen des Logikteils angesteuert. Dadurch werden in den Radbremszylindern der Bremssättel die verschiedenen Druckphasen eingeleitet.

Zusätzlich verfügt das Steuergerät über eine Sicherheitsschaltung, die fehlerhafte Signale im elektronischen Steuergerät und Fehler außerhalb des Steuergerätes in der elektrischen Anlage erkennt. Tritt eine Störung auf, wird das ABS abgeschaltet und durch Aufleuchten der ABS-Kontrollampe der Fehler dem Fahrer angezeigt. Dabei bleibt die Funktion der konventionellen Bremsanlage voll erhalten. Die ABS-Anlage schaltet auch so lange ab, wie die vorgeschriebene Batteriespannung unterschritten wird. Ebenfalls zur Sicherheitsschaltung gehört das Aktivieren des Testzyklus, der mit Einschalten der Motorzündung beginnt.

Der Testzyklus beginnt mit Starten des Motors und wird bei drei verschiedenen Radgeschwindigkeiten durchgeführt. Der erste Testzyklus läuft bei einer Radgeschwindigkeit von ca. 5 bis 7 km/h, der zweite bei ca. 15 km/h und der letzte bei ca. 30 km/h ab. Die Drehzahl-

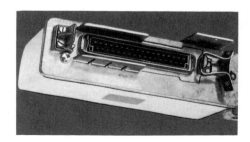

Bild 3.13
Anschlüsse am ABS-Steuergerät (Opel)

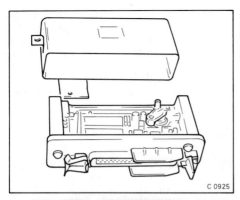

Bild 3.14
Das Innenleben des Steuergerätes. Es darf nicht weiter zerlegt werden (Opel)

Bild 3.15
Das Steuergerät befindet sich im Fußraum links (Opel)

fühlerspannung wird zur Aktivierung dieses Ablaufes verwendet und dadurch zwangsläufig mitgeprüft. Im Prüfverfahren des Testzyklus werden Teile der Überwachungsschaltung und des Logikteils geprüft, wofür dem Steuergerät bestimmte Signale zugeführt werden. Auch wird festgestellt, ob die richtigen Ausgangssignale vorhanden sind. Diese Überwachung geschieht beim Anfahren an Ampeln sowie während der Fahrt. Wird im Verlauf des Testzyklus an der Anlage ein Fehler festgestellt, so wird dies durch Aufleuchten der ABS-Kontrolllampe angezeigt.

Bild 3.16
Überspannungsschutzrelais (Opel)

Bild 3.17
Die 35polige Steckerleiste verbindet das Steuergerät mit dem Kabelsatz (Opel)

Der Kabelsatz mit den ABS-Anschlüssen sowie das Schaltrelais sind in den serienmäßigen Kabelsatz des Fahrzeuges integriert. Das Steuergerät ist für die Signaleingabe und Befehlsausgabe und auch für die Stromversorgung durch den integrierten Kabelsatz mit den Drehzahlfühlern und dem elektrischen Teil des Hydroaggagrates verbunden. Ferner ist zwischen Batterie- und Steuergerät ein Überspannungsschutzrelais geschaltet, um das Steuergerät gegen eventuell auftretende Spannungsspitzen bei defektem Regler der Lichtmaschine zu schützen. Der ABS-Kabelsatz wird über eine 35polige Steckverbin-

Bild 3.18
Kabelverbindung des
Hydroaggregates (Opel)

dungsleiste mit dem Steuergerät verbunden. Der elektrische Anschluß des Hydroaggregates wird mit einem 12poligen Stecker im Motorraum hergestellt. Das erforderliche Massekabel für das Hydroaggregat ist gemeinsam mit der Befestigungsschraube für die Zündspule an der Karosserie angebracht. Mit wasserdichten Steckverbindungen sind die Kabelstecker der Drehzahlfühler für die Vorderräder am Vorderrahmen-Längsträger befestigt. Die zugeordneten Kabel zu den vorderen Drehzahlfühlern werden am Rahmenlängsträger bis zum Achsschenkel und dann entlang der Bremsdruckschläuche verlegt. Von einer

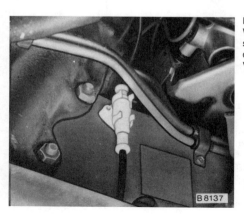

Bild 3.19
Wasserdichte Steckverbinder
schützen die Kabelstecker
der Drehzahlfühler an den
Vorderrädern (Opel)

Steckverbindung am Fahrzeugunterbau wird das Kabel des hinteren Drehzahlfühlers zum Hinterachsgehäuse entlang dem hinteren Bremsdruckschlauch verlegt. Dem Hydroaggregat sind zwei Relais zugeordnet, die sich unter der Aggregatabdeckung befinden. Relais a ist für die Stromversorgung des Magnetventils zuständig, Relais b steuert den Motor der Rückförderpumpe an. Im Steckersockel des Hydroaggregats befindet sich eine Diode, die bei elektrischen Störungen des ABS das Steuergerät (Klemme 50/Klemme 29) vor Kurzschluß schützt.

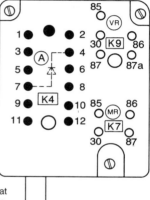

Bild 3.20
Stecksockel des Hydroaggregates (Opel)
Es bedeuten:
1   Magnetventil vorn rechts
2   Ventilrelais Klemme 85
3   Magnetventil vorn links
4   Ventilrelais Klemme 30
5   Magnetventil Hinterachse
6   Batterie-Plus für Ventilrelais Klemme 87
7   Prüfleitung Diode für ABS-Kontrolleuchte
8   Masse Ventilrelais Klemme 87a
9   Prüfleitung vom Motorrelais Klemme 30
10 Ventil- und Motorrelais Klemme 86
11 Motorrelais Klemme 85
12 Batterie-Plus an Motorrelais Klemme 87
VR Ventilrelais
MR Motorrelais
K4 Anschluß für Vielfachstecker Hydroaggregat
K7 Anschluß für Motorrelais, Rückförderpumpe
K9 Anschluß für Ventilrelais
(A) Diode für ABS-Kontrolleuchte

Regelprinzip und Wirkungsweise des ABS

Das ABS ist betriebsbereit, wenn die ABS-Kontrolle nach dem Starten des Motors erlischt. Die Drehzahlfühler messen die Radgeschwindigkeit, und aus diesen Werten werden im elektronischen Steuergerät die Radverzögerungs- und Raddrehbeschleunigungssignale gewonnen. Aus diesen Signalen wird im Logikteil eine Referenzgeschwindigkeit gebildet, die annähernd die Fahrzeuggeschwindigkeit darstellt. Aus dem Vergleich der Raddrehgeschwindigkeit und der Referenzgeschwindigkeit werden Schlupfsignale abgeleitet. Schlupf entsteht,

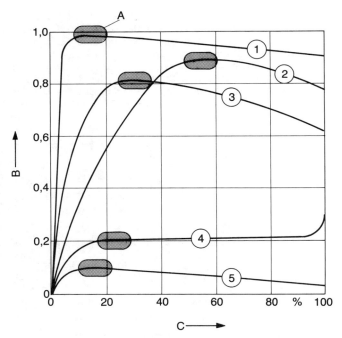

Bild 3.21 Reifentyp und Fahrbahnbeschaffenheit beeinflussen entscheidend den Reifenschlupf (Opel)

Es bedeuten:
A   Regelbereich
B   Bremskraftbeiwert (μB)
C   Schlupf (λ)
0   rollendes Rad
100 % blockiertes Rad
(1)   Sommerreifen auf trockenem Beton
(2)   Sommerreifen auf trockenem Beton bei Kurvenfahrt
(3)   Winterreifen auf nassem Beton
(4)   Winterreifen auf losem Neuschnee oder Sand
(5)   Winterreifen auf Glatteis

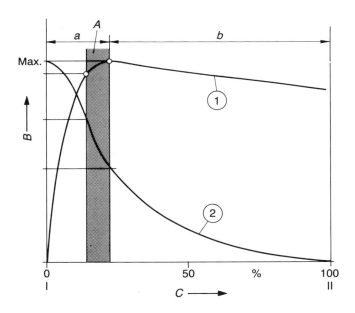

Bild 3.22 Auch Brems- und Seitenführungskräfte beeinflussen den Radschlupf (Opel)
Es bedeuten:
1 Bremskraft
2 Seitenführungskraft
A ABS-Arbeitsbereich
B Bremskraftbeiwert (μB)
C Schlupf (λ)
a stabiler Schlupfbereich
b instabiler Schlupfbereich
I rollendes Rad
II blockiertes Rad

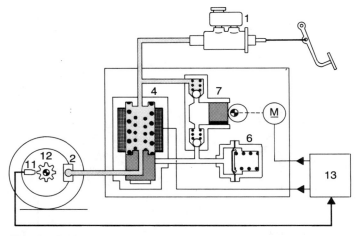

Bild 3.23 Bei Beginn der ABS-Regelung erhält die Radbremse den vollen Druck der Bremsanlage (Opel)

wenn bei Beschleunigungs- oder Bremsvorgängen zwischen Reifen und Fahrbahn Reibungskräfte übertragen werden, welche auf das rollende Rad ein Bremsmoment ausüben. Dabei rollt das Rad langsamer, als es der Fahrgeschwindigkeit entspricht. Als stabiler Schlupfbereich wird der Anstieg des Schlupfes von 0 bis zum Bremskraftmaximum bezeichnet. Die Regelung des ABS findet nahe dem Bremskraftmaximum statt. Wird der Schlupf sehr groß, nimmt die Bremskraft ab und erreicht ihr Minimum bei blockiertem Rad. Für die optimale Bremskraft ist ein bestimmter Schlupf erforderlich. Die Seitenführungskraft des Rades wird durch den Schlupf jedoch geringer. Es ist deshalb erforderlich, ein Optimum zwischen Brems- und Seitenführungskräften zu finden. Aufgabe der Elektronik im ABS ist es, einen ständigen Vergleich der Radverzögerung- und Radbeschleunigung, also des Radschlupfes, mit den in der Elektronik gespeicherten Werten vorzunehmen. Wird ein Blockieren des Rades festgestellt, setzt die Regelung ein. Dazu werden die Signale vom Drehzahlfühler im Steuergerät verarbeitet, welches die Befehle zum Druckhalten, Druckaufbau oder Druckabbauen an das Hydroaggregat leiten. Bei einer geregelten Bremse wiederholen sich diese Phasen in einer Folge von 4- bis 10mal/s und halten fast bis zum Stillstand des Fahrzeugs an. Im Bild 3.22 ist vereinfacht ein Regelzyklus dargestellt. Es ist zu erkennen, daß die Radgeschwindigkeit im wesentlichen der Referenzgeschwindigkeit folgt. Die Referenzgeschwindigkeit nimmt proportional mit der Zeit ab, bis sie von der Radgeschwindigkeit wieder eingeholt wird. Dadurch werden die Schlupfwerte ermittelt.

Funktionen und Regelprinzip des Hydroaggregates

Die Anker der Magnetventile werden von vorgespannten Federn beaufschlagt, die den Ankerweg bei den unterschiedlichen Steuerströmen begrenzen. Der Rücklauf der Bremsflüssigkeit führt durch die Pumpenspeicher zu den Zylinderräumen der Rückförderpumpe, die

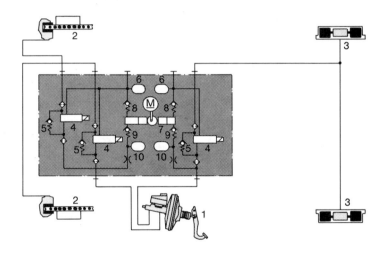

Bild 3.24   Schaltschema des Hydroaggregates (Opel)
Es bedeuten:

1	Tandem-Hauptbremszylinder mit Bremspedal	7	Rückförderpumpe
2	Vorderradbremse	8	Pumpeneinlaßventile
3	Hinterradbremse	9	Pumpenauslaßventile
4	Magnetventil	10	Geräuschdämpfer
5	Rückschlagventile	M	Pumpenmotor
6	Pumpenspeicher	11	Drehzahlfühler
		12	Impulsgeber
		13	Steuergerät

die Bremsflüssigkeit zum Tandem-Hauptbremszylinder gegen den Bremspedaldruck zurückfördern. Werden die Ventile mit wechselnden Stromstärken angesteuert, so kann der Bremsflüssigkeitsdruck gehalten oder abgebaut werden. Durch diese unterschiedlichen Möglichkeiten entstehen drei Druckphasen:

- ☐ Druckaufbau
- ☐ Druckhalten
- ☐ Druckabbau

Der volle Bremsdruck, der beim Betätigen des Bremspedals zum Tandem-Hauptbremszylinder entsteht, wird in der Druckaufbauphase durch die geöffneten Magnetventile an die Vorder- bzw. Hinterradbremse weitergeleitet. Solange der jeweilige Drehzahlfühler signalisiert, daß das entsprechende Rad nicht blockiert, bleiben die Magnetventile stromlos. In der Druckhaltephase wird der Flüssigkeitsdruck vom Hydroaggregat zu den Radbremszylindern konstant gehalten. Ein- und Auslaß im Magnetventil sind geschlossen. Wird vom Drehzahlfühler dem elektronischen Steuergerät gemeldet, daß aufgrund einer starken Radverzögerung eine Tendenz zum Blockieren besteht, wird das Magnetventil mit einem Strom von 1,9 bis 2,3 A aktiviert.

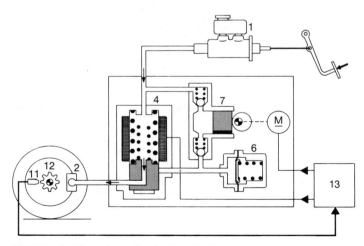

Bild 3.25 Funktionsschema Druckaufbau (Opel)
Kennzeichnung siehe Bild 3.23

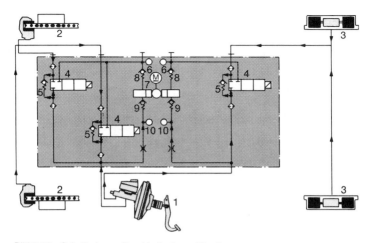

Bild 3.26 Schaltschema Druckhaltephase (Opel)
Kennzeichnung siehe Bild 3.24

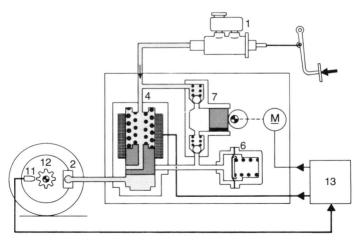

Bild 3.27 Funktionsschema Druckhaltephase (Opel)
Kennzeichnung siehe Bild 3.23

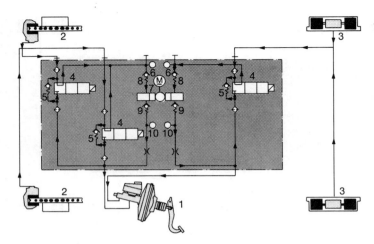

Bild 3.28 Schaltschema Druckabbau (Opel)
Kennzeichnung siehe Bild 3.24

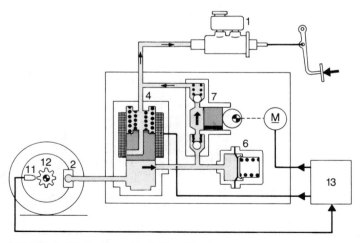

Bild 3.29 Funktionsschema Druckabbau (Opel)
Kennzeichnung siehe Bild 3.23

Während des Druckabbaus strömt Bremsflüssigkeit von den Radbremszylindern durch den Pumpenspeicher zur Rückförderpumpe. Gegen den vorhandenen Bremspedaldruck wird von der Rückförderpumpe die Bremsflüssigkeit zurück zum Tandem-Hauptbremszylinder gefördert. Im Fahrbetrieb entsteht dadurch ein Pulsieren am Bremspedal. Die Signale für diesen Vorgang kommen von den Drehzahlfühlern, die dem Steuergerät das Blockieren des Rades melden. Das Magnetventil wird in dieser Phase mit einem Strom von ca. 4,5 bis 5,7 A aktiviert.

Prüfung des Antiblockiersystems

Ein Defekt am Opel-ABS wird durch das zeitweise oder ständige Aufleuchten der ABS-Kontrollampe angezeigt. Die Prüfung ist mit dem Opel-Universal-Prüfadapter in Verbindung mit dem Opel-Prüfkabel durchzuführen. Bei der Prüfung wird nicht das Steuergerät selbst, sondern die Peripherie, wie Spannungsversorgung, Signale sowie Funktion der Magnetventile usw., überprüft. Wird bei der Prüfung der Peripherie keine Abweichung von den Sollwerten festgestellt, kann davon ausgegangen werden, daß der Fehler im Steuergerät liegt. Es ist zu ersetzen. Ein Zerlegen des Steuergerätes ist nicht zulässig.

Prüfvoraussetzung ist, daß die Bremsanlage fehlerfrei arbeitet. Außerdem muß sichergestellt werden, daß die Batterie des Fahrzeugs geladen und in gutem Zustand ist.

Anschließen der Prüfgeräte

Bei ausgeschalteter Zündung wird die linke vordere Seitenwandverkleidung ausgebaut und der Vielfachstecker vom Steuergerät abgezogen. Die Haltefeder am Steuergerät ist dabei zurückzudrücken. Der Vielfachstecker des Opel-Prüfkabels wird mit dem des 35poligen Fahrzeugkabelsatzes zusammengesteckt und anschließend am Opel-Universal-Prüfadapter angeschlossen. Bei der nun folgenden Prüfung muß der vorgegebene Ablauf der Prüfschritte genau eingehalten werden. Wird in einem Prüfschritt der geforderte Sollwert nicht erreicht, muß, bevor in den nächsten Prüfschritt weitergeschaltet wird, erst die Abweichung festgestellt und beseitigt werden. Wird nicht nach diesem Schema verfahren, ist eine Beschädigung des Universal-Prüfadapters nicht auszuschließen.

Am Universal-Prüfadapter wird nun der Umschalter Universal/ABS gedrückt. Der Prüfschritt- bzw. Ansteuerschalter ist in die jeweilige Prüfstellung zu drehen.

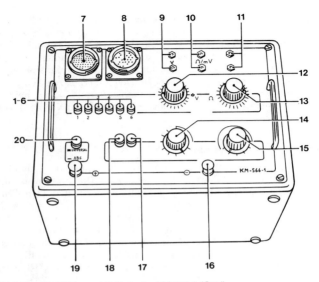

Bild 3.30 Opel-Universal-Prüfadapter KM-566-1 (Opel)
Es bedeuten:
- 1 – 6 Tasten für Simulation
- 7 Universal-Steckdose, 63polig
- 8 ABS-Steckdose, 37polig (23 Pole belegt)
- 9 Voltmeter-Anschlüsse
- 10 Ohmmeter-Anschlüsse
- 11 Anschlüsse für Schaltungsverknüpfung
- 12 Prüfschrittschalter für Spannungsmessung
- 13 Prüfschrittschalter für Widerstandsmessung
- 14 Prüfschrittschalter ABS
- 15 Ansteuerschalter ABS
- 16 Oszilloskopanschluß (−)
- 17 Schalter ABS-Druckabbau
- 18 Schalter ABS-Druckhalten
- 19 Oszilloskopanschluß (+)
- 20 Umschalter UNIVERSAL/ABS

Bild 3.31 Zur Prüfung des ABS ist nach Ausschalten der Zündung zunächst der Vielfachstecker vom Steuergerät zu trennen (Opel)

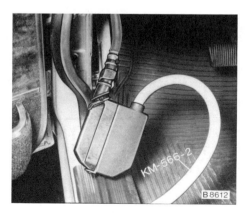

Bild 3.32 Stecker des Prüfkabels mit dem Kabelsatzstecker verbinden (Opel)

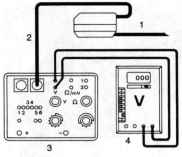

Bild 3.33
Anschlußschema Spannungsmessung (Opel)
Es bedeuten:
1 Fahrzeugkabelsatz
2 Prüfkabel
3 Universal-Prüfadapter
4 Multimeter-Voltanschluß

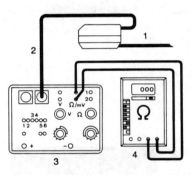

Bild 3.34
Anschlußschema Widerstandsmessung (Opel)
Es bedeuten:
1 Fahrzeugkabelsatz
2 Prüfkabel
3 Universal-Prüfadapter
4 Multimeter-Ohmanschluß

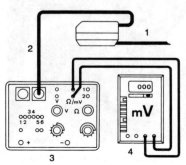

Bild 3.35
Anschlußschema Wechsel-Spannungsmessung (Opel)
Es bedeuten:
1 Fahrzeugkabelsatz
2 Prüfkabel
3 Universal-Prüfadapter
4 Multimeter-Wechselspannung

Prüfprogramm für Opel-ABS mit Opel-Universal-Prüfadapter KM-566-1 und Opel-Prüfkabel KM-566-2

Prüf-schritt	Prüf-geräte-anschluß	Schalter-stellung li.	Schalter-stellung re.	Prüfung von	Zusätzliche Bedienung/ Hinweise	Prüfwert/ Sollwert	Pol.-Nr. am 35pol. Stecker	Mögliche Fehlerursache
1	Voltmeter	1	1	Überspan-nungsschutz-relais – K47	Zündung AUS	0 V ± 0,1 V	1	Sicherung F6 – 20 A – defekt. Überspannungsschutzrelais – K 47 – defekt. **Kabelunterbrechungen** Von Sicherung F6 zum Zündschloß Kl. 15, von Sicherung F6 zu K47/Kl. 86, von K47/Kl. 31 zur Fahrzeugmasse, von Anlasser Kl. 30 zu K47/Kl. 30, von K47/Kl. 30 A zum Steuergerätestecker K 50/Kl. 1, von K47/Kl. 31 B zu K50/Kl. 10, von Sicherung F6 zur ABS-Kontrollampe H 26.
					Zündung EIN	11,5 bis 14,5 V ABS-Kontrollampe EIN	10	ABS-Kontrollampe H 26 defekt, von H 26 zum Hydroaggregatstecker U 4/Kl. 7, von U 4/Kl. 7 zum Ventilrelais K 49/Kl. 30 (Diode V 3 im Meßkreis, Ohmmeter + an Kl. 7, Ohmmeter – an Kl. 30), von U 4/Kl. 8 zu K 49/Kl. 87 a, vom Stecker U4/Kl. 8 zur Fahrzeugmasse. Ventilrelais defekt.

Prüf-schritt	Prüf-geräte-anschluß	Schalter-stellung li. | re.		Prüfung von	Zusätzliche Bedienung/ Hinweise	Prüfwert/ Sollwert	Pol.-Nr. am 35pol. Stecker	Mögliche Fehlerursache
								Bild 3.36
2	Voltmeter	2	1	Ventilrelais K49 (A) am Hydroaggregat U4 in Funktion	Zündung EIN – Motor **nicht** starten. Steuergerätestecker K50/Kl. 27 wird durch ABS-Adapter an annähernd Masse geschaltet, dadurch Ventilrelais K49 eingeschaltet.	10,3 bis 14,5 V ABS-Kontroll-lampe AUS	32	10	Ventilrelais K49 defekt. **Kabelunterbrechungen** Von Anlasser Kl. 30 zum Hydroaggregat U 4/Kl. 6, von U4/Kl. 6 zu K49/Kl. 87, von U4/Kl. 4 zu K49/Kl. 30, vom Steuergerätestecker K50/Kl. 32 zu U4/Kl. 4, vom Überspannungs-schutzrelais K47/Kl. 30 A zu U4/Kl. 10, von U4/Kl. 10 zu K49/Kl. 86, von U4/Kl. 2 zu K49/Kl. 85, von K50/Kl. 27 zu U4/Kl. 2.

3	1	Rückförderpumpenrelais K 48 (B) am Hydroaggregat U 4 in Ruhestellung	Zündung EIN – Motor **nicht** starten	$0 V \pm 0,1 V$ ABS-Kontrolllampe H 26 EIN	14	10	Rückförderpumpenrelais K48 defekt. **Kabelunterbrechungen** Vom Steuergerätestecker K50/Kl. 14 zum Hydroaggregatstecker U4/Kl. 9, von U4/Kl. 9 zu K48/Kl. 30, von U4/Kl. 9 zur Fahrzeugmasse (Sollwert < 2 Ω), von K50/Kl. 28 zu Hydroaggregatstecker U4/Kl. 11, von U4/Kl. 11 zu K48/Kl. 85 Spannungsversorgung fehlt: K48/Kl. 86 und Kl. 87 Sollwert 11,5 bis 14,5 Volt Rückförderpumpenmotor M34 defekt.
3							
4	1	Rückförderpumpenrelais K48 am Hydroaggregat U4 in Funktion	Zündung EIN. Motor **nicht** starten. Steuergerätestecker K 50/Kl. 28 wird durch ABS-Adapter an annähernd Masse geschaltet, dadurch wird Rückförderpumpenrelais K48 eingeschaltet.	Spannungsabfall max. 1,5 V kleiner als Batteriespannung. Pumpenmotor M 34 muß laufen. ABS-Kontrolllampe H 26 EIN.			Bild 3.37
4							

Prüf-schritt	Prüf-geräte-anschluß	Schalter-stellung li.	Schalter-stellung re.	Prüfung von	Zusätzliche Bedienung/ Hinweise	Prüfwert/ Sollwert	Pol.-Nr. am 35pol. Stecker	Mögliche Fehlerursache
5	Voltmeter	5	1	Diode V 3 der ABS-Kontroll-lampe H 26 in Durchlaßrich-tung im Hydroaggregat U4	Zündung EIN – Motor **nicht** starten. (Spannungsabfall an der Diode V 3).	0,4 bis 1,5 V ABS-Kontroll-lampe H 26 EIN	29	**Kabelunterbrechungen** Von Steuergerätestecker K 50/ Kl. 32 zum Hydroaggregat U 4/ Kl. 4, von K 50/Kl. 29 zu U 4/ Kl. 7. Wenn der Prüfwert 11,5 bis 14,5 Volt beträgt und ABS-Kontrollampe H 26 AUS, hat Diode V 3 oder Kabel vor Kno-tenpunkt der Kontrollampe H 26, von K 50/Kl. 29 zur Masse Unterbrechung.
6		6	1	Diode V 3 der ABS-Kontroll-lampe H 26 in Sperrichtung im Hydro-aggregat	Zündung EIN – Motor **nicht** starten. Kl. 27 und Kl. 29 an K50 werden durch ABS-Adapter an an-nähernd Masse ge-schaltet, dadurch Ventilrelais K49 ein-geschaltet.	2,5 bis 9 V ABS-Kontroll-lampe H 26 leuchtet dunkler	32	Wenn der Prüfwert < 0,5 Volt ist, ABS-Kontrollampe H 26 AUS, Kurzschluß über Diode V 3. Sicherung Nr. 6 defekt.

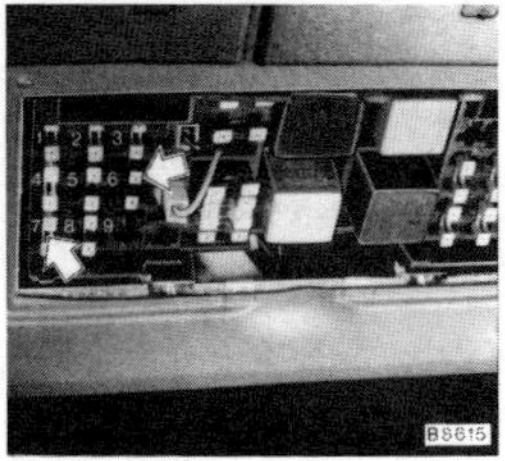

Bild 3.38

7	Voltmeter	7	1	Bremslichtschalter S 8 auf Funktion	Zündung EIN – Motor **nicht** starten. Bremspedal betätigen.	11,5 bis 14,5 V ABS-Kontrolllampe H 26 EIN	25	10	Sicherung F7 – 10 A – defekt. Bremslichtschalter S8 defekt. **Kabelunterbrechungen** Vom Zündschloß Kl. 15 zur Sicherung F7, von Sicherung F7 zum Bremslichtschalter S8, vom Bremslichtschalter S8 zum Steuergerätestecker K50/ Kl. 25.
8		8	1	Ladekontrolllampe H7 für Generator G 2	Zündung EIN – Motor **nicht** starten. Kl. 27 am Steuergerätestecker K50 wird durch ABS-Adapter an annähernd Masse geschaltet, dadurch Ventilrelais K49 ein.	Ladekontrolllampe H7 EIN ABS-Kontrolllampe H26 AUS	15	10	Keine Spannung: Sicherung F8 – 30 A – defekt. Ladekontrolllampe H7 defekt. **Kabelunterbrechungen** Vom Zündschloß Kl. 15 zur Sicherung F 8, von Sicherung F 8 zur Ladekontrolllampe H 7, von H7 zur Lichtmaschine G 2/ Kl. D+/61, von G 2/Kl. D+/61 zum Steuergerätestecker K50/ Kl. 15.
					Zündung EIN – Motor kurzzeitig starten – ca. 2000 min^{-1} (wenn die Ladespannung < 10,3 Volt beträgt, schaltet das ABS-Steuergerät K50 im Fahrbetrieb aus und die ABS-Kontrollampe H26 ein)	13 bis 14,5 V Ladekontrolllampe AUS, ABS-Kontrolllampe AUS			Ladeanlage defekt.

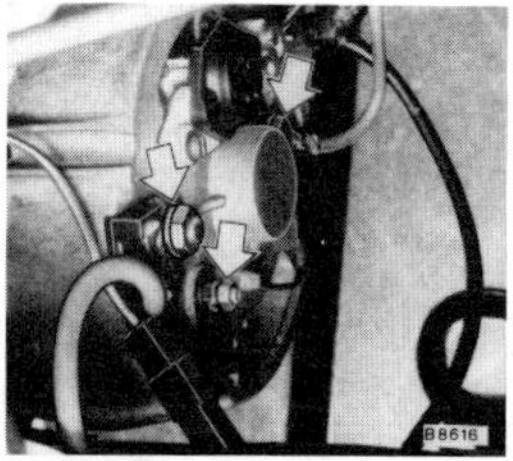

Bild 3.39

Prüf-schritt	Prüf-geräte-anschluß	Schalter-stellung li.	Schalter-stellung re.	Prüfung von	Zusätzliche Bedienung/ Hinweise	Prüfwert/ Sollwert	Pol.-Nr. am 35pol. Stecker	Mögliche Fehlerursache
9	Ohm-meter	1	1	Masseverbindung des Ventilrelais K49 in Ruhestellung	Zündung AUS	< 2 Ω	32 / 10	Anzeige → ∞ Ω: Ventilrelais K49 hat in Ruhestellung Unterbrechung von Kl. 30 nach Kl. 87 A. Überspannungsschutzrelais K47 hat Unterbrechung von Kl. 31 B nach Kl. 31
10		2	1	Masseverbindung der Magnetventile		< 2 Ω	34 / 10	**Kabelunterbrechung** Vom Steuergerätestecker K50/Kl. 34 zur Fahrzeugmasse, von K50/Kl. 20 zur Fahrzeugmasse.
11		3	1				20 / 10	
12		4	1	Innenwiderstand der Magnetventile Y19, Y20 und Y21 im Hydroaggregat U4	Zündung AUS Magnetventil Y 19 – vorn links		2 / 32	**Kabelunterbrechung** Vom Steuergerätestecker K50/Kl. 2 zum Hydroaggregatstecker U4/Kl. 3. **Magnetventil Y19 Innenwiderstand** Widerstand des Magnetventils Y19 im Hydroaggregat U4 zwischen Kl. 3 und Kl. 4: 0,7 bis 1,7 Ω.

13	4	2		Zündung AUS Magnetventil Y20 – vorn rechts:	2,5 bis 4,0 Ω	35	32	**Kabelunterbrechung** Vom Steuergerätestecker K50/Kl. 35 zum Hydroaggregat U4/Kl. 1. **Magnetventil Y20 Innenwiderstand** Widerstand des Magnetventils Y20 im Hydroaggregat U4 zwischen Kl. 1 und Kl. 4: 0,7 bis 1,7 Ω.
14	4	3		Zündung AUS, Magnetventil Y 21 – für Hinterachse		18	32	**Kabelunterbrechung** Vom Steuergerätestecker K50/Kl. 18 zum Hydroaggregat U4/Kl. 5. **Magnetventil Y21 Innenwiderstand** Widerstand des Magnetventils Y21 im Hydroaggregat U4 zwischen Kl. 5 und 4: 0,7 bis 1,7 Ω.
15	5	1	Ohmmeter	Innenwiderstand der Drehzahlfühler (P 17, P 18, P 22)	Zündung AUS Drehzahlfühler 17 – vorn links	0,9 bis 1,3 kΩ	6	4	Drehzahlfühler P 17 defekt. Steckerverbindung X 10/X 11 defekt **Kabelunterbrechungen** Vom Steuergerätestecker K50/Kl. 6 zur Steckerverbindung X 11, von K50/Kl. 4 zur Steckerverbindung X 11.

Prüf-schritt	Prüf-geräte-anschluß	Schalter-stellung li.	Schalter-stellung re.	Prüfung von	Zusätzliche Bedienung/Hinweise	Prüfwert/Sollwert	Pol.-Nr. am 35pol. Stecker		Mögliche Fehlerursache
16		5	2		Zündung AUS Drehzahlfühler P 18 – vorn rechts		11	21	Drehzahlfühler P 18 defekt. Steckerverbindung X 12/X 13 defekt. **Kabelunterbrechungen** Vom Steuergerätestecker K50/Kl. 11 zur Steckerverbindung X 13, von K50/Kl. 21 zur Steckerverbindung X 13.
17		5	3		Zündung AUS Drehzahlfühler P 22 – Hinterachse		7	9	Drehzahlfühler P 22 defekt. Steckerverbindung X 14/X 15 defekt. **Kabelunterbrechungen** Vom Steuergerätestecker K50/Kl. 7 zur Steckerverbindung X 15, von K50/Kl. 9 zur Steckerverbindung X 15. 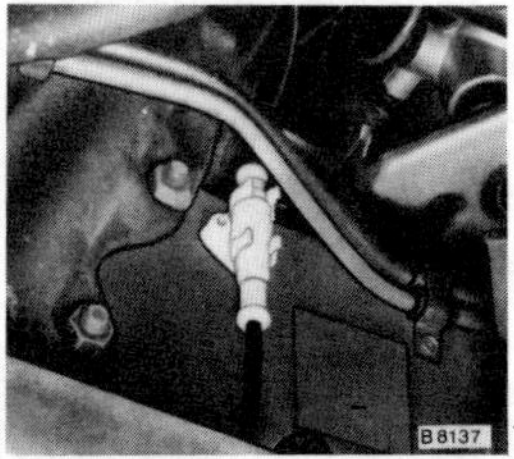

Bild 3.40

18	Ohm-meter	1	Isolationswiderstand der Drehzahlfühler P 17, P 18 und P 22	Zündung AUS Drehzahlfühler P 17 – vorn links	> 100 kΩ bzw. → ∞ Ω	6	10	Widerstand < 100 kΩ: Masseschluß im Drehzahlfühler P 17. Übergangswiderstand in der Steckerverbindung X 10/X 11 zur Masse. Kabelisolierung defekt.
19		6	2	Zündung AUS Drehzahlfühler P 18 – vorn rechts		11	10	Widerstand < 100 kΩ: Masseschluß im Drehzahlfühler P 18. Übergangswiderstand in der Steckerverbindung X 12/X 13 zur Masse. Kabelisolierung defekt.
20		6	3	Zündung AUS Drehzahlfühler P 22 – Hinterachse		7	10	Widerstand < 100 kΩ: Masseschluß im Drehzahlfühler P 22. Übergangswiderstand in der Steckerverbindung X 14/X 15 zur Masse. Kabelisolierung defekt.
21	Voltmeter mit Wechselspannung an den Buchsen Ω/m V	7	1	Wechselspannung der Drehzahlfühler P 17, P 18 und P 22	Zündung AUS Rad vorn links im Rhythmus – 1 Umdrehung pro Sekunde – drehen		6	4	Drehzahlfühler defekt. Drehzahlfühler lose. Radlagerspiel zu groß. Abstand Drehzahlfühler zum Impulsgeber zu groß – Sollwert Vorderachse: 0,2 bis 1,2 mm – nicht einstellbar.

Prüf-schritt	Prüf-geräte-anschluß	Schalter-stellung li.	Schalter-stellung re.	Prüfung von	Zusätzliche Bedienung/Hinweise	Prüfwert/Sollwert	Pol.-Nr. am 35pol. Stecker		Mögliche Fehlerursache
22		7	2		Zündung AUS Rad vorn rechts im Rhythmus – 1 Umdrehung pro Sekunde – drehen	> 100 mV~	11	21	
23		7	3		Zündung AUS 1 Rad hinten links oder rechts blockieren und das freilaufende Rad im Rhythmus – 1 Umdrehung pro Sekunde – drehen		7	9	
24	ohne	8	1	Hydraulische Funktion des Magnetventils Y 19 im Hydroaggregat U4 **Druckhalten**	Zündung EIN – Motor **nicht** starten. Kl. 27 des Steuergerätesteckers K50 wird durch ABS-Adapter an annähernd Masse geschaltet, dadurch wird Ventilrelais K49 eingeschaltet	ABS-Kontrolllampe AUS Rad vorn links muß sich drehen lassen.	27	2	Rad blockiert bei gedrückter Taste P= und anschließend betätigtem Bremspedal – Hydroaggregat U4 defekt. Bremsleitungen an U4 vertauscht
					Taste P= drücken und halten.				

25	8	1	**Druckabbau**	Bremspedal betätigen und festhalten	Rad vorn links muß sich drehen lassen	28	27	2	Rad wird nicht kurzzeitig frei: Rückförderpumpe M34 defekt. Schlechte Masseverbindung von U 4 zur Fahrzeugmasse. Bremsleitungen an U 4 vertauscht.
				Taste P = loslassen	Rad vorn links muß blockieren				
				Zündung EIN – Motor **nicht** starten. Kl. 27 von K50 wird durch ABS-Adapter an annähernd Masse geschaltet, dadurch wird K49 eingeschaltet.	ABS-Kontrolllampe AUS Rad vorn links muß sich drehen lassen				
				Bremspedal betätigen und festhalten	Rad vorn links muß blockieren				
				Taste P ↓ betätigen und festhalten, dadurch wird Kl. 28 an K50 ca. 2 Sekunden an annähernd Masse geschaltet und das Rückförderpumpenrelais K 48 eingeschaltet.	Rückförderpumpe M 34 muß anlaufen Rad vorn links muß sich kurzzeitig ca. 1 s drehen lassen				

Bild 3.41

Prüf-schritt	Prüf-geräte-anschluß	Schalter-stellung li.	Schalter-stellung re.	Prüfung von	Zusätzliche Bedienung/ Hinweise	Prüfwert/ Sollwert	Pol.-Nr. am 35pol. Stecker	Mögliche Fehlerursache
26	ohne	8	2	Hydraulische Funktion des Magnetventils Y20 im Hydroaggregat U4 **Druckhalten**	Zündung EIN – Motor **nicht** starten. Kl. 27 von K50 wird durch ABS-Adapter an annähernd Masse geschaltet, dadurch wird K 49 eingeschaltet.	ABS-Kontroll-lampe AUS. Rad vorn rechts muß sich drehen lassen.	27	Rad blockiert bei gedrückter Taste P= und anschließend betätigtem Bremspedal – Hydroaggregat U4 defekt. Bremsleitungen an U4 vertauscht.
					Taste P= drücken und halten.	Rad vorn rechts muß sich drehen lassen.		
					Bremspedal betätigen und festhalten	Rad vorn rechts muß blockieren		
					Taste P= loslassen	Rad vorn rechts muß sich drehen lassen.		
27		8	2	**Druckabbau**	Zündung EIN – Motor **nicht** starten. Kl. 27 von K50 wird durch ABS-Adapter an annähernd Masse geschaltet, dadurch wird K 49 eingeschaltet.	ABS-Kontroll-lampe AUS. Rad vorn rechts muß sich drehen lassen.	28 27	Rad wird nicht kurzzeitig frei: Rückförderpumpe M 34 defekt. Schlechte Masseverbindung von U 4 zur Fahrzeugmasse. Bremsleitungen an U 4 vertauscht.

28	ohne	8	3	Hydraulische Funktion des Magnetventils Y 21 im Hydroaggregat U4 **Druckhalten**	Bremspedal betätigen und festhalten	Rad vorn rechts muß blockieren 
					Taste P ↓ betätigen und festhalten, dadurch wird Kl. 28 an K 50 ca. 2 Sekunden an annähernd Masse geschaltet und das Rückförderpumpenrelais K 48 eingeschaltet.	Rückförderpumpe M 34 muß anlaufen Rad vorn rechts muß sich kurzzeitig – ca. 1 s – drehen lassen.
					Zündung EIN – Motor **nicht** starten Kl. 27 von K50 wird durch ABS-Adapter an annähernd Masse geschaltet, dadurch wird K49 eingeschaltet.	ABS-Kontrolllampe AUS. Rad vorn rechts muß sich drehen lassen.
					Taste P= drücken und halten.	
					Bremspedal betätigen und festhalten.	Rad hinten li. bzw. re. muß sich drehen lassen.
					Taste P= loslassen	Rad hinten li. bzw. re. muß blockieren.
				27		18 Rad blockiert bei gedrückter Taste P= und anschließend betätigtem Bremspedal – Hydroaggregat U 4 defekt. Bremsleitungen an U4 vertauscht.

Bild 3.42

Prüf-schritt	Prüf-geräte-anschluß	Schalter-stellung li. / re.		Prüfung von	Zusätzliche Bedienung/ Hinweise	Prüfwert/ Sollwert	Pol.-Nr. am 35pol. Stecker			Mögliche Fehlerursache
29		8	3	**Druckabbau**	Zündung EIN – Motor **nicht** starten. Kl. 27 von K50 wird durch ABS-Adapter an annähernd Masse geschaltet, dadurch wird Ventilrelais K49 eingeschaltet.	ABS-Kontroll-lampe AUS Rad hinten links bzw. rechts muß sich drehen lassen.	28	27	18	Rad wird nicht kurzzeitig frei: Rückförderpumpe M 34 defekt. Schlechte Masseverbindung von U4 zur Fahrzeugmasse. Bremsleitungen an U4 vertauscht.
					Bremspedal betätigen und festhalten.	Rad hinten li. bzw. re. muß blockieren				
					Taste P↓ betätigen und festhalten, dadurch wird Kl. 28 an K50 ca. 2 Sekunden an annähernd Masse geschaltet und die Rückförderpumpe K48 eingeschaltet.	Rückförder-pumpe M 34 muß anlaufen. Rad hinten bzw. rechts muß sich kurzzeitig – ca. 1 s – drehen lassen.				Bild 3.43

Anmerkung: Wird während der Prüfung mit dem Opel-Universal-Prüfadapter KM-566-1 in Verbindung mit dem Prüfkabel KM-566-2 kein Fehler festgestellt, obwohl die ABS-Kontrollampe eine Störung anzeigte, so ist das elektronische Steuergerät zu ersetzen.

Hinweise für die Erkennung von Störungen an der ABS-Anlage

- ☐ Leuchtet die ABS-Kontrollampe nach «Motor starten» nicht mehr auf und geht nach einer Geschwindigkeit bis max. 30 km/h an, so besteht die Möglichkeit, daß es sich um eine Störung eines Drehzahlfühlers bzw. des Anschlusses zum 35poligen Kabelbaumstekker handelt.
- ☐ Leuchtet nach mehrmaligem «Starten des Motors» die ABS-Kontrollampe auf und geht auch nach einer Geschwindigkeit von ca. 30 km/h nicht aus, kann es sich um eine Störung folgender Masseverbindungen handeln:
vom Hydroaggregat zum Halter der Zündspule
von der Lichtmaschine zum Motorblock
vom Kabelsatz zum Ansaugrohr
vom Motor zum Vorderrahmen-Längsträger
- ☐ Beginnt die ABS-Kontrollampe kurz nach dem Start des Motors zu «flackern», kann die Störung durch Spannungseinbrüche des Drehstromgenerators hervorgerufen werden, da dann die Spannung < 10,5 V ist.

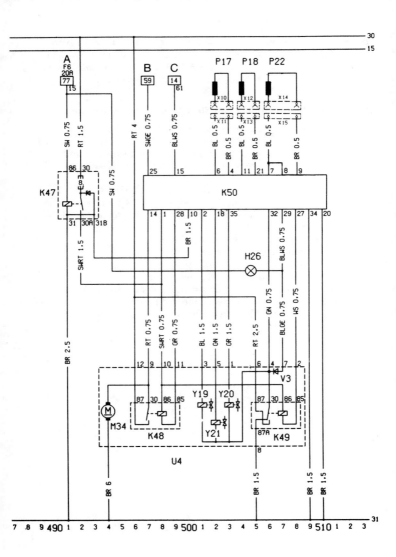

Bild 3.44 Schaltplan und Klemmenbelegungsplan für Opel-ABS, Linkslenkung
(Auszug aus dem Hauptschaltplan Rekord E, Modelljahr 1985)

A	Anschluß über Strompfad Nr. 76 an Sicherung F 6 – 20 A
B	Anschluß über Strompfad Nr. 59 – Bremslichtschalter S 8
C	Anschluß über Strompfad Nr. 14 – Generator G 2/D+/61
H 26	ABS-Kontrollampe
K 47	Überspannungsschutzrelais
K 48	Relais für Rückförderpumpe
K 49	Relais für Magnetventil
K 50	Elektronisches Steuergerät
M 34	Rückförderpumpenmotor
P 17	Drehzahlfühler vorn links
P 18	Drehzahlfühler vorn rechts
P 22	Drehzahlfühler Hinterachse
U 4	Hydroaggregat
V 3	Diode für ABS-Kontrollampe
X 10/11	Anschluß Drehzahlfühler vorn links am Kabelsatz
X 12/13	Anschluß Drehzahlfühler vorn rechts am Kabelsatz
X 14/15	Anschluß Drehzahlfühler Hinterachse am Kabelsatz
Y 19	Magnetventil vorn links
Y 20	Magnetventil vorn rechts
Y 21	Magnetventil Hinterachse

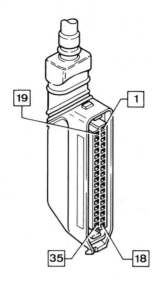

Bild 3.45
Klemmenbelegung – Fahrzeugstecker
35polig

1 Spannungsversorgung, Steuergerät
2 Ansteuerung Magnetventil vorn links
3 nicht belegt
4 Masse Drehzahlfühler vorn links
5 nicht belegt
6 Drehzahlfühler vorn links
7 Drehzahlfühler Hinterachse
8 Brücke zu Klemme 7
9 Masse Drehzahlfühler Hinterachse
10 Masse elektronisches Steuergerät
11 Drehzahlfühler vorn rechts
12
13 nicht belegt
14 Spannungserkennung Rückförderpumpenmotor
15 Spannungserkennung Ladekontrollampe D+/61
16
17 nicht belegt
18 Ansteuerung Magnetventil Hinterachse
19 nicht belegt
20 Masse Magnetventil
21 Masse Drehzahlfühler vorn rechts
22
23 nicht belegt
24
25 Spannungserkennung Bremslichtschalter
26 nicht belegt
27 Ansteuerung Ventilrelais
28 Ansteuerung Rückförderpumpen-motor-Relais
29 Ansteuerung ABS-Kontrollampe
30
31 nicht belegt
32 Spannungserkennung Ventilrelais
33 nicht belegt
34 Masse Magnetventil
35 Ansteuerung Magnetventil vorn rechts

Bild 3.46
Klemmenbelegung – Hydroaggregat-
stecker 12polig
1 Magnetventil vorn rechts Y 20
2 Ventilrelais K 49/Kl. 85
3 Magnetventil vorn links Y 19
4 Ventilrelais K 49/Kl. 30
5 Magnetventil Hinterachse Y 21
6 Batterie-Plus für Ventilrelais
   K 49/Kl. 87
7 Prüfleitung Diode V 3 für
   ABS-Kontrollampe
8 Masse Ventilrelais K 49/Kl. 87a
9 Spannungserkennung
   Rückförderpumpenmotor-Relais
   K 48/Kl. 30
10 Ventil- und Rückförderpumpenmotor-
   Relais K 49/Kl. 86 und K 48/Kl. 86
11 Rückförderpumpenmotor-Relais
   K 48/Kl. 86
12 Batterie-Plus an Rückförderpumpen-
   motor-Relais K 48/Kl. 87

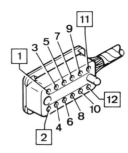

Bild 3.47
Klemmenbelegung – Stecker des
Überspannungsschutzrelais K 47
30   Spannungsversorgung vom
     Anlasser Kl. 30
30a Spannungsversorgung für
     Steuergerät und Relais am
     Hydroaggregat
31   Anschluß an Fahrzeugmasse
31b Masseverbindung zum Steuergerät
86   Spannungsversorgung von
     Sicherung F 6 – 20 A

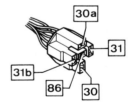

3.2 ABS bei VW und Audi

Als Komponenten für das Antiblockiersystem werden benötigt:

a) Drehzahlfühler mit Sensorring

Die Drehzahlfühler arbeiten induktiv. Sie sind an den Rädern oder am Ausgleichgetriebe des Fahrzeugs montiert. Gegenüber dem Drehzahlfühler ist der mit Raddrehzahl rotierende Sensorring angebracht, der die Impulse zum Erfassen der jeweiligen Drehzahl liefert.

b) Elektronisches Steuergerät

Die Drehzahlfühler liefern Signale an das Steuergerät. Es ermittelt den zur optimalen Bremsung zulässigen Schlupf der einzelnen Räder und regelt den hierfür notwendigen Bremsdruck in den Radbremszylindern mittels Magnetventilen. In einer Nebenfunktion testet das Steuergerät die ABS-Anlage nach einem feststehenden Programm und überwacht sie kontinuierlich während der Fahrt.

c) Das Hydroaggregat

Es besteht aus den Magnetventilen, einer Speicherkammer je Bremskreis und der Rückförderpumpe. Die Magnetventile verbinden die Radbremszylinder mit dem zugeordneten Kreis des Hauptbremszylinders oder der Rückförderpumpe bzw. schließen die Radbremszylinder gegen beide ab. Die Magnetventile werden vom Steuergerät geschaltet.

Aufgabe der Rückförderpumpe ist es, die beim Druckmindern aus den Radbremszylindern zurückströmende Bremsflüssigkeit durch den zugeordneten Speicher in den betreffenden Hauptbremszylinderkreis zurückzufördern. Die dabei anfallende Bremsflüssigkeit wird in den Speichern der Hydraulikanlage vorübergehend aufgenommen.

d) Das Steuergerät

Das elektronische Steuergerät ist eine zentrale Regeleinheit, die pro Fahrzeug einmal benötigt wird. Das in Digitaltechnik aufgebaute Gerät besteht aus dem Eingangsverstärker, der Computereinheit, der Leistungsstufe und einer Überwachungsschaltung. Es gliedert sich in vier Funktionsbereiche mit sieben integrierten Schaltkreisen (IC). Der Eingangsverstärker (IC 1) dient zur Aufbereitung der Drehzahlsignale. In der Computereinheit mit den Schaltkreisen IC 2.1 und 2.2 erfolgt die Errechnung der Regelsignale. Die Leistungsstufe mit den Schaltkreisen

IC 4.1 und IC 4.2 wird zur Ansteuerung der Magnetventile benötigt. Eine Überwachungsschaltung (IC 3) checkt die Anlage nach einem festen Programm und überwacht sie während der Fahrt.

Gefiltert und aufbereitet werden die von den Drehzahlfühlern erzeugten Signale vom Eingangsverstärker der Computereinheit zugeleitet. Sie besteht aus einem Mikroprozessor mit speziellen Rechenbaugruppen, die in der Rechengeschwindigkeit und Genauigkeit optimal den Anforderungen eines Antiblockiersystems angepaßt sind. In der Computereinheit wird aus den diagonal gegenüberliegenden Rädern eine Fahrzeug-Referenzgeschwindigkeit errechnet. Außerdem werden anhand dieser Daten die Radgeschwindigkeit, die Radbeschleunigung und der Radschlupf ermittelt.

Die Signale für die Magnetventile des Hydroaggregates werden mittels Stromregler und Leistungsendstufe in der Ventilsteuereinheit geformt. Um das Fahrzeug auch bei ungünstigen Straßenverhältnissen sicher lenken zu können, werden die Ansteuersignale für die Magnetventile der Lenkachse gedämpft.

Das ABS regelt die Vollbremsung bei konstanter Pedalkraft automatisch. Die möglichen Steuervorgänge sind hierbei: Druckhalten, Drucksenken oder Drucksteigern. Nimmt an einem gebremsten Rad die Radverzögerung so weit zu, daß die Tendenz zum Blockieren besteht, so wird der bis dahin erreichte Wert des Bremsdruckes gehalten und nicht weiter gesteigert. Verzögert sich jedoch bei konstantem Bremsdruck die Drehbewegung des Rades weiter, so wird automatisch der Druck im Radbremszylinder gesenkt und das Rad dadurch weniger stark abgebremst. Nimmt nun die Drehbewegung des Rades durch den geringeren Bremsdruck wieder zu, so wird bei Erreichen eines bestimmten Grenzwertes vom Steuergerät erkannt, daß das Rad zu wenig gebremst wird. Eine Erhöhung des Bremsdruckes am Radbremszylinder wird nun vom Steuergerät eingeleitet. Ein neuer Regelzyklus beginnt.

Fehlersuche an Antiblockiersystemen am Beispiel der Fahrzeugtypen Audi 80, Audi 90, Audi Coupe ab 1985, Audi 100 und Audi 200

Zur Prüfung von Antiblockiersystemen muß man wissen, daß Störungen des Systems im Fahrbetrieb nur bei eingeschalteter ABS-Anlage und einer Mindestgeschwindigkeit von 6 km/h durch Aufleuchten der ABS-Anzeigeleuchte in der Instrumententafel angezeigt werden. Das nachfolgend beschriebene V.A.G.-Fehlersuchprogramm ist speziell auf die Erfordernisse des Antiblockiersystems und der zu verwendenden Meßinstrumente für die genannten Fahrzeugtypen abgestimmt. Für die Fehlersuche sind ein Bremsenprüfstand, ein Prüfgerät für ABS mit passendem Adapter für die Prüfung des ABS-Relais sowie ein Vielfachmeßgerät erforderlich. Bei einer Prüfung des Systems ohne Einsatz eines Bremsenprüfstandes sind verschiedene Abweichungen in den Prüfschritten erforderlich, die jeweils gekennzeichnet sind. Zur Störungssuche ist das Fehlersuchprogramm grundsätzlich komplett in der vorgeschriebenen Reihenfolge durchzuführen. Wird eine Ursache festgestellt, so ist diese zu beseitigen und die Fehlersuche mit Prüfschritt 1 erneut zu beginnen.

Vor dem Anschließen des Prüfgerätes muß die Ein-/Ausschalt-Funktion bzw. die ABS-Kontrollampe überprüft werden. Dazu wird der Motor gestartet und auf Leerlaufdrehzahl gebracht. Die ABS-Kontrollampe muß erlöschen. Wenn die Lampe nicht erlischt, muß die Leitung von Klemme 61 (Generator) zur Klemme 15 des Steckers vom Steuergerät überprüft werden.

Nun das Prüfgerät anschließen, wobei zu beachten ist, daß bei Fahrzeugen, deren Steuergerät im Kofferraum eingebaut wurde, die Länge des Leitungsstranges des ABS-Prüfgerätes nicht ausreichend ist, um das Prüfgerät vom Fahrersitz aus zu bedienen. Hier ist für die Prüfvorgänge ein zweiter Mechaniker erforderlich. Im einzelnen ist folgendes anzuschließen:

- [ ] Steckeraufnahme für den Leitungsstrang des ABS
- [ ] Stecker vom Leitungsstrang ABS
- [ ] Stecker für das Steuergerät
- [ ] Steuergerät

Im Rahmen der Fehlersuche nicht mit angeschlossenem Prüfgerät fahren! Wird ein Fehler festgestellt, so ist dieser zu beseitigen und nochmals das gesamte Prüfprogramm zu wiederholen.

Fehlersuchprogramm mit Bremsenprüfstand

Prüfvoraussetzungen:

- [ ] Sicherung Nr. 3 in Ordnung
- [ ] Sicherung auf dem ABS-Kombirelais (Zusatzrelaisträger Relaisplatz 5) in Ordnung
- [ ] ABS-Anlage eingeschaltet
- [ ] Masseverbindung der Rückförderpumpe auf festen Sitz prüfen
- [ ] Anschlüsse der Hydraulikeinheit auf Dichtheit prüfen (Sichtprüfung)
- [ ] Bremsanlage in Ordnung

Hinweis:

Wenn während der Fahrt die ABS-Kontrollampe aufleuchtet und nach einiger Zeit von selbst wieder erlischt, Spannungsversorgung überprüfen.

Wenn während der Fahrt die ABS-Kontrollampe aufleuchtet und dabei die ABS-Anlage noch arbeitet (Pulsieren des Bremspedals), Spannungsversorgung von Klemme 61 des Generators überprüfen.

Alle angegebenen Meßwerte beziehen sich auf das Meßgerät VW 1315 A.

Prüfablauf

Programm-schalter	Prüfung von	Zusätzliche Bedienung	Sollwert	Fehlerursache bzw. Fehlerbeseitigung (siehe auch Stromlaufpläne)
1	Spannungsversorgung (erfolgt bei allen Programmschalterstellungen)	Zündung einschalten	Lampe 1 (grün) muß aufleuchten (gilt auch für alle anderen Programmschalterstellungen)	**Keine Anzeige:** – Mehrfachstecker des Steuergeräts und des Prüfgeräts auf festen Sitz prüfen. – ABS-Kombirelais aus Zusatz-Relaisträger (Relaisplatz 5) ziehen. – Voltmeter nacheinander zwischen die Kontakte 2 und 4 und zwischen 5 und 4 schalten. Sollwerte ca. 12 Volt. Werden die Sollwerte nicht erreicht, Leitungsunterbrechung beseitigen. – Voltmeter zwischen Kontakt 8 und 4 schalten, Schalter für ABS drücken und halten. Sollwert ca. 12 V. Wird der Sollwert nicht erreicht, Leitungsunterbrechung beseitigen bzw. Schalter für das ABS ersetzen. – Relaissockel 5 zum Zusatz-Relaisträger ausclipsen und ABS-Kombirelais auf Relaissockel 5 stecken. – Voltmeter zwischen Kontakt 6 und 4 an der Rückseite des Relaissockels 5 schalten. Sollwert ca. 12 V. – Wird der Sollwert nicht erreicht, Sicherung auf dem ABS-Kombirelais prüfen bzw. ABS-Kombirelais ersetzen.

- ABS-Kombirelais vom Relaissockel abziehen und Relaissockel wieder im Zusatz-Relaisträger Relaisplatz 5 einsetzen, ABS-Kombirelais wieder auf Relaisplatz 5 stecken.
- Mit Ohmmeter Masseleitung zwischen Klemme 10 des Steckers vom Steuergerät und Massepunkt unter der Sitzbank Fersenbrett rechts beim Audi 100/200, bzw. im Kofferraum rechts beim Audi 80/90, Audi Coupé prüfen. Sollwert ca. 0 Ω. Wird der Sollwert nicht erreicht, Leitungsunterbrechung bzw. Übergangswiderstand beseitigen.
- Voltmeter zwischen Klemme 1 und 10 des Steckers vom Steuergerät schalten. Sollwert ca. 12 V. Wird der Sollwert nicht erreicht, Leitungsunterbrechung beseitigen.

Lampe 2 (rot) leuchtet auf:
- Batterie ungenügend geladen (Batterie laden bzw. Motor laufen lassen).
- Zu hohe Spannungsabfälle an Klemme 1 bzw. Klemme 10 des Steckers vom Steuergerät.

Hinweis:
Leuchtet während des weiteren Prüfablaufs die Lampe 2 auf, Prüfung unterbrechen und Fehler beseitigen. Danach wieder komplettes Prüfprogramm durchführen.

Programmschalter	Prüfung von	Zusätzliche Bedienung	Sollwert	Fehlerursache bzw. Fehlerbeseitigung (siehe auch Stromlaufpläne)
1	Relais für Magnetventile, Ruhestellung		Lampen 1 und 3 (grün) müssen aufleuchten	**Lampe 4 (rot) leuchtet auf** – Relais für Magnetventil aus Hydraulikeinheit herausziehen und mit Ohmmeter Durchgang zwischen Klemme 87 a und 30 prüfen. Bei Unterbrechung Relais erneuern. – Mit Ohmmeter Innenwiderstand des Relais für Magnetventil zwischen Klemme 85 und Klemme 86 messen. Sollwert 70 – 120 Ω. Wenn Sollwert nicht erreicht wird, Relais für Magnetventil erneuern. – Stecker für Hydraulikeinheit abziehen und Masseleitung zur Klemme 8 mit Ohmmeter auf Durchgang prüfen. Ggf. Unterbrechung beseitigen. – Mit Ohmmeter Durchgang zwischen Klemme 8 des Steckersockels der Hydraulikeinheit und Klemme 87 a des Relaissockels für Magnetventile prüfen. Bei Unterbrechung Hydraulikeinheit erneuern. – Mit Ohmmeter Durchgang zwischen Klemme 12 des Steckersockels der Hydraulikeinheit und Klemme 30 des Relaissockels für Magnetventile prüfen. Bei Unterbrechung Hydraulikeinheit erneuern. – Mit Ohmmeter Durchgang zwischen Klemme 12 des Steckers der Hydraulikeinheit und Klemme 32 des Steckers vom Steuergerät prüfen. Ggf. Unterbrechung beseitigen.

| 2 | Relais für Magnetventile, Funktion | Lampen 1 und 3 (grün) müssen aufleuchten | **Lampe 4 (rot) leuchtet auf:**
– Relais für Magnetventil defekt (Relais probeweise ersetzen).
– Voltmeter zwischen Klemme 4 des Steckers der Hydraulikeinheit und Masse schalten. Sollwert ca. 12 V. Wird der Sollwert nicht erreicht, Leistungseinheit beseitigen.
– Mit Ohmmeter Durchgang zwischen Kontakt 4 des Steckersockels der Hydraulikeinheit und Klemme 87 des Relaissockels für Magnetventile prüfen. Ggf. Hydraulikeinheit erneuern.
– Mit Ohmmeter Durchgang zwischen Klemme 6 des Steckersockels der Hydraulikeinheit und Klemme 85 des Relaissockels für Magnetventile prüfen. Ggf. Hydraulikeinheit erneuern.
– Mit Ohmmeter Durchgang zwischen Klemme 6 des Relaissockels für Magnetventile und Klemme 86 des Relaissockels für Rückförderpumpe prüfen. Ggf. Hydraulikeinheit erneuern.
– Mit Ohmmeter Durchgang zwischen Klemme 86 des Relaissockels für Magnetventile und Klemme 2 des Steckersockels für Hydraulikeinheit prüfen. Ggf. Hydraulikeinheit erneuern.
– Voltmeter zwischen Klemme 2 des Steckers der Hydraulikeinheit und Masse schalten. Sollwert ca. 12 V. Wird der Sollwert nicht erreicht, Leitungsunterbrechung beseitigen.
– Mit Ohmmeter Durchgang zwischen Klemme 6 des Steckers der Hydraulikeinheit und Klemme 27 des Steckers vom Steuergerät prüfen. Ggf. Unterbrechung beseitigen. |

Programm-schalter	Prüfung von	Zusätzliche Bedienung	Sollwert	Fehlerursache bzw. Fehlerbeseitigung (siehe auch Stromlaufpläne)
3	Relais für Rückförderpumpe, Ruhestellung		Lampen 1 und 3 (grün) müssen aufleuchten	**Lampe 4 (rot) leuchtet auf:** – Relais für Rückförderpumpe defekt (Relais probeweise ersetzen). – Masseleitung für Rückförderpumpe auf festen Sitz überprüfen. – Mit Ohmmeter Durchgang zwischen Klemme 9 des Steckersockels der Hydraulikeinheit und Klemme 30 des Relaissockels für Rückförderpumpe prüfen. Bei Unterbrechung Hydraulikeinheit erneuern. – Mit Ohmmeter Durchgang zwischen Klemme 9 des Steckersockels der Hydraulikeinheit und Plusklemme der Rückförderpumpe prüfen. Bei Unterbrechung Hydraulikeinheit erneuern. – Mit Ohmmeter Durchgang zwischen Klemme 9 des Steckers der Hydraulikeinheit und Klemme 14 des Steckers vom Steuergerät prüfen. Ggf. Unterbrechung beseitigen.

4	Relais für Rückförderpumpe, Funktion (Pumpenmotor läuft)	Leuchttaste –5– leuchtet, Taste drücken	Lampen 1 und 3 (grün) müssen aufleuchten

Lampe 4 (rot) leuchtet auf:
- Relais für Rückförderpumpe defekt (Relais probeweise ersetzen).
- Mit Ohmmeter Durchgang zwischen Klemme 11 vom Steckersockel der Hydraulikeinheit und Klemme 85 des Relaissockels für Rückförderpumpe prüfen. Bei Unterbrechung Hydraulikeinheit erneuern.
- Mit Ohmmeter Durchgang zwischen Klemme 13 vom Steckersockel der Hydraulikeinheit und Klemme 87 des Relaissockels für Rückförderpumpe prüfen. Bei Unterbrechung Hydraulikeinheit erneuern.
- Voltmeter zwischen Klemme 13 des Steckers der Hydraulikeinheit und Masse schalten. Sollwert ca. 12 V. Wird der Sollwert nicht erreicht, Leitungsunterbrechung beseitigen.
- Mit Ohmmeter Durchgang zwischen Klemme 11 des Steckers von der Hydraulikeinheit und Klemme 28 des Steckers vom Steuergerät prüfen. Ggf. Unterbrechung beseitigen.

Programm-schalter	Prüfung von	Zusätzliche Bedienung	Sollwert	Fehlerursache bzw. Fehlerbeseitigung (siehe auch Stromlaufpläne)
5	ABS-Kombirelais	Zündung ausschalten, Stecker des ABS-Prüfgerätes vom Steuergerät trennen, ABS-Kombirelais vom Zusatzrelaisträger (Relaisplatz 5) ziehen, ABS-Kombirelais vom Fahrzeug aufs Prüfgerät und ein Ersatzrelais ET Nr. 443.927.826 auf Relaisplatz 5 im Fahrzeug stecken. Zündung einschalten. Leuchttaste –5– leuchtet. Taste drücken.	Lampen 1 und 3 (grün) müssen aufleuchten.	**Lampe 4 (rot) leuchtet auf:** – Prüfschritt wiederholen. Leuchtet Lampe – 4 – weiter auf, ABS-Kombirelais erneuern.

6	6.1 Magnetventil vorn links, Innenwiderstand	Zündung ausschalten. Stecker des ABS-Prüfgerätes aufstecken. ABS-Kombirelais vom Fahrzeug ins Prüfgerät (Relaisplatz 5) einbauen. Zündung einschalten. Taste –8– drücken.	0,7 bis 1,7 Ω	**Sollwert wird nicht erreicht:** – Mit Ohmmeter Innenwiderstand zwischen Klemme 1 und Klemme 12 am Steckersockel der Hydraulikeinheit messen. Wenn Sollwert nicht erreicht wird, Hydraulikeinheit erneuern. – Mit Ohmmeter Durchgang zwischen Klemme 1 des Steckers der Hydraulikeinheit und Klemme 2 des Steckers vom Steuergerät prüfen. Ggf. Unterbrechung beseitigen.
	6.2 Magnetventil vorn rechts, Innenwiderstand	Taste –9– drücken	0,7 bis 1,7 Ω	**Sollwert wird nicht erreicht:** – Mit Ohmmeter Innenwiderstand zwischen Klemme 3 und Klemme 12 am Steckersockel der Hydraulikeinheit messen. Wenn Sollwert nicht erreicht wird, Hydraulikeinheit erneuern. – Mit Ohmmeter Durchgang zwischen Klemme 3 des Steckers der Hydraulikeinheit und Klemme 35 des Steckers vom Steuergerät prüfen. Ggf. Unterbrechung beseitigen.
	6.3 Magnetventil hinten links, Innenwiderstand	Taste –11– drücken	0,7 bis 1,7 Ω	**Sollwert wird nicht erreicht:** – Mit Ohmmeter Innenwiderstand zwischen Klemme 5 und Klemme 12 am Steckersockel der Hydraulikeinheit messen. Wenn Sollwert nicht erreicht wird, Hydraulikeinheit erneuern. – Mit Ohmmeter Durchgang zwischen Klemme 5 des Steckers der Hydraulikeinheit und Klemme 18 des Steckers vom Steuergerät prüfen. Ggf. Unterbrechung beseitigen.

Programm-schalter	Prüfung von	Zusätzliche Bedienung	Sollwert	Fehlerursache bzw. Fehlerbeseitigung (siehe auch Stromlaufpläne)
6	6.4 Magnetventil hinten rechts, Innenwiderstand	Taste –12– drücken	0,7 bis 1,7 Ω	**Sollwert wird nicht erreicht:** – Mit Ohmmeter Innenwiderstand zwischen Klemme 7 und Klemme 12 am Steckersockel der Hydraulikeinheit messen. Wenn Sollwert nicht erreicht wird, Hydraulikeinheit erneuern. – Mit Ohmmeter Durchgang zwischen Klemme 7 des Steckers der Hydraulikeinheit und Klemme 19 des Steckers vom Steuergerät prüfen. Ggf. Unterbrechung beseitigen.
7	Masseverbindung Klemme 10 (Steuergerät)	Leuchttaste –5– leuchtet, Taste drücken	80 bis 300 mV	**Sollwert wird nicht erreicht:** – Mit Ohmmeter Durchgang zwischen Klemme 10 des Steckers vom Steuergerät und Masse prüfen. Ggf. Unterbrechung beseitigen.
8	Masseverbindung Klemme 34 (Steuergerät)	Leuchttaste –5– leuchtet, Taste drücken	30 bis 250 mV	**Sollwert wird nicht erreicht:** – Mit Ohmmeter Durchgang zwischen Klemme 34 des Steckers vom Steuergerät und Masse prüfen. Ggf. Unterbrechung beseitigen.
9	Masseverbindung Klemme 20 (Steuergerät)	Leuchttaste –5– leuchtet, Taste drücken	3 bis 250 mV	**Sollwert wird nicht erreicht:** – Mit Ohmmeter Durchgang zwischen Klemme 20 des Steckers vom Steuergerät und Masse prüfen. Ggf. Unterbrechung beseitigen.

10	10.1 Drehzahlfühler vorn links, Innenwiderstand	Taste –8– drücken	0,8 bis 1,8 kΩ	**Sollwert wird nicht erreicht:** – Steckverbindung für Drehzahlfühler vorn links trennen. – Mit Ohmmeter Innenwiderstand des Drehzahlfühlers messen. Wird Sollwert nicht erreicht, Drehzahlfühler erneuern. – Leitungen am Stecker zum Steuergerät überbrücken und mit Ohmmeter Durchgang zwischen Klemme 4 und Klemme 5 des Steckers vom Steuergerät prüfen, ggf. Unterbrechung beseitigen. – Steckverbindungen auf Unterbrechung überprüfen.
	10.2 Drehzahlfühler vorn rechts, Innenwiderstand	Taste –9– drücken	0,8 bis 1,8 kΩ	**Sollwert wird nicht erreicht:** – Steckverbindung für Drehzahlfühler vorn rechts trennen. – Mit Ohmmeter Innenwiderstand des Drehzahlfühlers messen. Wird Sollwert nicht erreicht, Drehzahlfühler erneuern. – Leitungen am Stecker zum Steuergerät überbrücken und mit Ohmmeter Durchgang zwischen Klemme 21 und Klemme 23 des Steckers vom Steuergerät prüfen, ggf. Unterbrechung beseitigen. – Steckverbindung auf Unterbrechung überprüfen.

Programm-schalter	Prüfung von	Zusätzliche Bedienung	Sollwert	Fehlerursache bzw. Fehlerbeseitigung (siehe auch Stromlaufpläne)
10	10.3 Drehzahlfühler hinten links, Innenwiderstand	Taste –11– drücken	0,8 bis 1,8 kΩ	**Sollwert wird nicht erreicht:** – Steckverbindung für Drehzahlfühler hinten links trennen. – Mit Ohmmeter Innenwiderstand des Drehzahlfühlers messen. Wird Sollwert nicht erreicht, Drehzahlfühler erneuern. – Leitungen am Stecker zum Steuergerät überbrücken und mit Ohmmeter Durchgang zwischen Klemme 7 und Klemme 9 des Steckers vom Steuergerät prüfen, ggf. Unterbrechung beseitigen. – Steckverbindung auf Unterbrechung überprüfen.
	10.4 Drehzahlfühler hinten rechts, Innenwiderstand	Taste –12– drücken	0,8 bis 1,8 kΩ	**Sollwert wird nicht erreicht:** – Steckverbindung für Drehzahlfühler hinten rechts trennen. – Mit Ohmmeter Innenwiderstand des Drehzahlfühlers messen. Wird Sollwert nicht erreicht, Drehzahlfühler erneuern. – Leitungen am Stecker zum Steuergerät überbrücken und mit Ohmmeter Durchgang zwischen Klemme 24 und Klemme 26 des Steckers vom Steuergerät prüfen, ggf. Unterbrechung beseitigen. – Steckverbindung auf Unterbrechung überprüfen.

11	11.1 Drehzahlfühler vorn links, Isolationswiderstand	Taste –8– drücken	20 bis 999 kΩ	**Sollwert wird nicht erreicht:** – Steckverbindung vom Drehzahlfühler überprüfen. – Steckverbindung vom Drehzahlfühler trennen und am Stecker die Leitungen zum Steuergerät überbrücken. Prüfung wiederholen. Sollwert wird nicht erreicht, Drehzahlfühler erneuern. Sollwert wird nicht erreicht, Leitungen zur Klemme 4 bzw. 5 des Steckers vom Steuergerät auf Scheuerstellen bzw. Masseschluß überprüfen.
	11.2 Drehzahlfühler vorn rechts, Isolationswiderstand	Taste –9– drücken	20 bis 999 kΩ	**Sollwert wird nicht erreicht:** – Steckverbindung vom Drehzahlfühler überprüfen. – Steckverbindung vom Drehzahlfühler trennen und am Stecker die Leitungen zum Steuergerät überbrücken. Prüfung wiederholen. Sollwert wird nicht erreicht, Drehzahlfühler erneuern. Sollwert wird nicht erreicht, Leitungen zur Klemme 21 bzw. 23 des Steckers vom Steuergerät auf Scheuerstellen bzw. Masseschluß überprüfen.
	11.3 Drehzahlfühler hinten links, Isolationswiderstand	Taste –11– drücken	20 bis 999 kΩ	**Sollwert wird nicht erreicht:** – Steckverbindung vom Drehzahlfühler überprüfen. – Steckverbindung vom Drehzahlfühler trennen und am Stecker die Leitungen zum Steuergerät überbrücken. Prüfung wiederholen. Sollwert wird nicht erreicht, Drehzahlfühler erneuern. Sollwert wird nicht erreicht, Leitungen zur Klemme 7 bzw. 9 des Steckers vom Steuergerät auf Scheuerstellen bzw. Masseschluß überprüfen.

Programm-schalter	Prüfung von	Zusätzliche Bedienung	Sollwert	Fehlerursache bzw. Fehlerbeseitigung (siehe auch Stromlaufpläne)
11	11.4 Drehzahlfühler hinten rechts, Isolationswiderstand	Taste –12– drücken	20 bis 999 kΩ	**Sollwert wird nicht erreicht:** – Steckverbindung vom Drehzahlfühler überprüfen. – Steckverbindung vom Drehzahlfühler trennen und am Stecker die Leitungen zum Steuergerät überbrücken. Prüfung wiederholen. Sollwert wird erreicht, Drehzahlfühler erneuern. Sollwert wird nicht erreicht, Leitungen zur Klemme 24 bzw. 26 des Steckers vom Steuergerät auf Scheuerstellen bzw. Masseschluß überprüfen.
12	Gleichspannung auf Leitungen von 12.1 Drehzahlfühler vorn links	Taste –8– drücken	000 bis 100 mV	**Sollwert wird nicht erreicht:** – Steckverbindung vom Drehzahlfühler trennen und am Stecker die Leitungen zum Steuergerät überprüfen. Prüfung wiederholen. Sollwert wird erreicht. Drehzahlfühler erneuern. Sollwert wird nicht erreicht, Leitungen zur Klemme 4 bzw. 5 des Steckers vom Steuergerät auf Scheuerstellen bzw. Masseschluß überprüfen.

12.2 Drehzahlfühler vorn rechts	Taste –9– drücken	000 bis 100 mV	**Sollwert wird nicht erreicht:** – Steckverbindung vom Drehzahlfühler trennen und am Stecker die Leitungen zum Steuergerät überprüfen. Prüfung wiederholen. Sollwert wird erreicht, Drehzahlfühler erneuern. Sollwert wird nicht erreicht, Leitungen zur Klemme 21 bzw. 23 des Steckers vom Steuergerät auf Scheuerstellen bzw. Masseschluß überprüfen.
12.3 Drehzahlfühler hinten links	Taste –11– drücken	000 bis 100 mV	**Sollwert wird nicht erreicht:** – Steckverbindung vom Drehzahlfühler trennen und am Stecker die Leitungen zum Steuergerät überprüfen. Prüfung wiederholen. Sollwert wird erreicht, Drehzahlfühler erneuern. Sollwert wird nicht erreicht, Leitungen zur Klemme 7 bzw. 9 des Steckers vom Steuergerät auf Scheuerstellen bzw. Masseschluß überprüfen.
12.4 Drehzahlfühler hinten rechts	Taste –12– drücken	000 bis 100 mV	**Sollwert wird nicht erreicht:** – Steckverbindung vom Drehzahlfühler trennen und am Stecker die Leitungen zum Steuergerät überprüfen. Prüfung wiederholen. Sollwert wird erreicht, Drehzahlfühler erneuern. Sollwert wird nicht erreicht, Leitungen zur Klemme 24 bzw. 26 des Steckers vom Steuergerät auf Scheuerstellen bzw. Masseschluß überprüfen.

Programm-schalter	Prüfung von	Zusätzliche Bedienung	Sollwert	Fehlerursache bzw. Fehlerbeseitigung (siehe auch Stromlaufpläne)
13	Steuergerät Versorgungsspannung	Leuchttaste –5– leuchtet, Taste drücken	4,75 bis 5,25 V	**Sollwert wird nicht erreicht:** – Steuergerät erneuern.
14	Diode in Durchlaßrichtung, Kontrollampe		0,4 bis 1,5 V ABS-Kontrollampe im Fahrzeug muß leuchten	**Kontrollampe leuchtet nicht, bzw. Sollwert wird nicht erreicht:** – Kontrollampe bzw. entsprechende Pluszuleitung überprüfen. – Mit Ohmmeter Durchgang bzw. Übergangswiderstand zwischen Klemme 10 am Stecker der Hydraulikeinheit und Klemme 29 des Steckers vom Steuergerät prüfen. Ggf. Unterbrechung bzw. Übergangswiderstand beseitigen. – Mit Ohmmeter wechselseitig zwischen Klemme 10 und Klemme 12 am Steckersockel der Hydraulikeinheit messen. Es muß einmal Unterbrechung angezeigt werden. Ist dies der Fall, Hydraulikeinheit erneuern.
15	Diode in Sperrichtung, Kontrollampe		2,5 bis 8,5 V Hinweis: ABS-Kontrollampe leuchtet etwas dunkler, Relais für Magnetventile schaltet	**Kontrollampe leuchtet nicht, bzw. Sollwert wird nicht erreicht:** – Kontrollampe bzw. entsprechende Pluszuleitung überprüfen. – Mit Ohmmeter Durchgang bzw. Übergangswiderstand zwischen Klemme 10 am Stecker der Hydraulikeinheit und Klemme 29 des Steckers vom Steuergerät prüfen. Ggf. Unterbrechung bzw. Übergangswiderstand beseitigen.

			- Mit Ohmmeter wechselseitig zwischen Klemme 10 und Klemme 12 am Steckersockel der Hydraulikeinheit messen. Es muß einmal Durchgang (kΩ-Anzeige) und einmal Unterbrechung angezeigt werden. Ist dies nicht der Fall, Hydraulikeinheit erneuern. - Relais für Magnetventile abziehen. Kontrollampe leuchtet auf, Hydraulikeinheit erneuern. **Kontrollampe erlischt nicht:** - Prüfschritt bei laufendem Motor wiederholen, Kontrollampe wiederholen. Kontrollampe erlischt trotzdem nicht, Steuergerät erneuern.
16	Steuergerät, Testprogramm, Auslösung	Leuchttaste –5– leuchtet, Taste mindestens 3 s drücken	Beim Betätigen der Leuchttaste muß die ABS-Kontrollampe im Fahrzeug nach ca. 1 s erlöschen; dabei kann die ABS-Kontrollampe flackern.
17	Steuergerät, Testprogramm mit Fehlersimulation	Leuchttaste –5– leuchtet, Taste mindestens 3 s drücken	Beim Betätigen der Leuchttaste muß nach 3 s die ABS-Kontrollampe im Fahrzeug weiterleuchten; dabei kann die ABS-Kontrollampe flackern. **Kontrollampe bleibt aus:** - Prüfschritt bei laufendem Motor wiederholen. Kontrollampe bleibt trotzdem aus, Steuergerät erneuern.

Programm-schalter	Prüfung von	Zusätzliche Bedienung	Sollwert	Fehlerursache bzw. Fehlerbeseitigung (siehe auch Stromlaufpläne)
18	Steuergerät, Magnetventilströme, Druckhalten 18.1 Magnetventil vorn links	Taste –8– drücken, Leuchttaste –5– leuchtet, Taste kurz antippen	1,9 bis 2,3 A Pumpenmotor läuft an	**Sollwert wird nicht erreicht:** – Prüfschritt bei laufendem Motor wiederholen. Wird Sollwert wieder nicht erreicht, Steuergerät erneuern.
	18.2 Magnetventil vorn rechts	Taste –9– drücken, Leuchttaste –5– leuchtet; wenn Digitalanzeige auf Null, Taste kurz antippen		
	18.3 Magnetventil hinten links	Taste –11– drücken, Leuchttaste		
	18.4 Magnetventil hinten rechts	Taste –12– drücken, Leuchttaste –5– leuchtet; wenn Digitalanzeige auf Null, Taste kurz antippen		
19	Steuergerät, Magnetventilströme, Druckabbau 19.1 Magnetventil vorn links	Taste –8– drücken, Leuchttaste –5– leuchtet, Taste kurz antippen	4,5 bis 6,0 A	**Sollwert wird nicht erreicht:** – Prüfschritt bei laufendem Motor wiederholen. Wird Sollwert nicht erreicht, Steuergerät erneuern.

	19.2 Magnetventil vorn rechts	Taste –9– drücken, Leuchttaste –5– leuchtet; wenn Digitalanzeige auf Null, Taste kurz antippen		
	19.3 Magnetventil hinten links	Taste –11– drücken, Leuchttaste –5– leuchtet; wenn Digitalanzeige auf Null, Taste kurz antippen		
	19.4 Magnetventil hinten rechts	Taste –12– drücken, Leuchttaste –5– leuchtet; wenn Digitalanzeige auf Null, Taste kurz antippen		
24	Bremslichtschalter	Bremspedal betätigen	10,3 bis 14,5 V	**Sollwert wird nicht erreicht:** – Steckverbindung vom Bremslichtschalter überprüfen – Steckverbindung vom Bremslichtschalter abziehen und am Stecker die Leitungen zum Steuergerät überbrücken. Prüfung wiederholen. Sollwert wird erreicht, Leitung Klemme 25 des Steckers vom Steuergerät auf Leitungsunterbrechung überprüfen. Leitungen i. O., Steuergerät ersetzen.

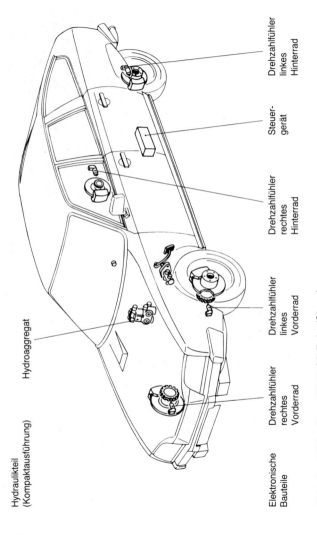

Bild 3.48 ABS im Citroen CX 25 GTi Turbo (Citroen)

3.3 ABS im Citroen CX 25 GTI Turbo

Der Citroen CX 25 GTI Turbo wird seit März 1985 auf Wunsch mit einem Antiblockiersystem ausgestattet. Zusätzlich zu den Teilen der herkömmlichen Bremsanlage besteht das ABS aus hydraulischen und elektronischen Bauteilen. Die Anordnung der Aggregate ist der Abb. 3.48 zu entnehmen.

Wie bereits in den Erläuterungen zuvor beschrieben, rollen im Normalbetrieb Rad und Fahrzeug mit gleicher Geschwindigkeit. Beim Abbremsen eines Fahrzeugs, bereits lange vor dem Blockieren, verringert sich jedoch die Geschwindigkeit des Rades im Vergleich zur Fahrzeuggeschwindigkeit. Das Rad hat Schlupf. Dieser Schlupf beträgt bei einem frei drehenden Rad 0%, es besteht kein Unterschied. Bei blockiertem Rad jedoch beträgt der Schlupf gleich 100%, während sich das Fahrzeug weiter vorwärts bewegt. Um das Blockieren eines Rades zu verhindern, kann in den herkömmlichen Bremskreislauf ein Bremsdruckregler eingebaut werden. Er besteht aus einem Hydraulikventil, das durch ein elektronisches Steuergerät betätigt wird. Aufgrund der am Rad angebrachten Drehzahlfühler kontrolliert das Steuergerät permanent den Schlupf des Rades. Zur Verwirklichung des ABS werden bei der für den Citroen CX zur Anwendung kommenden Lösung unter Beibehaltung der Trennung des vorderen und hinteren Bremskreislaufes zusätzlich der vordere rechte und der vordere linke Bremskreislauf voneinander getrennt. Somit verfügt der CX über drei Bremskreisläufe:

☐ den vorderen rechten Bremskreislauf
☐ den vorderen linken Bremskreislauf
☐ den Bremskreislauf für das rechte und linke Hinterrad

Neben den weiterverwendeten Teilen der herkömmlichen CX-Bremsanlage (wie Bremsventil, Bremsdruckregler, Bremssattel) sind für das ABS nur drei hydraulische Bremsdruckregeleinrichtungen – eine pro Bremskreislauf, in Form eines kompakten Hydroaggregates miteinander verbunden – erforderlich.

Das Hydroaggregat besteht aus drei Elektroventilen. Zwei sind für die Vorderräder, eins für die Hinterräder vorgesehen. Alle drei Elektroventile sind in zwei Gehäusen mit Bodenplatte und Deckel eingesetzt. Die Druckeingänge für die Vorderradbremskreise sowie für den Hinterradbremskreis, jeweils vom Bremsventil kommend, befinden sich in der Bodenplatte des Hydroaggregates. Die Druckausgänge zu den einzelnen Bremssätteln sowie der Rücklauf zum Behälter sind dagegen am Deckel des Hydroaggregates angebracht.

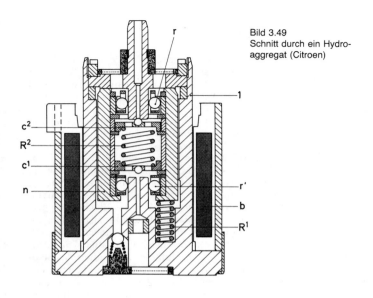

Bild 3.49
Schnitt durch ein Hydroaggregat (Citroen)

Die drei identisch aufgebauten Elektroventile bestehen aus einem von einer Wicklung umgebenen Zylinder, in dem eine Schiebehülse aus Stahl angeordnet ist. Die Schiebehülse wird vom Magnetfeld der Spule, wenn diese unter Spannung steht, bzw. vom Druck einer Feder beaufschlagt. Sie wird in zwei Wälzlagern beweglich geführt. Die Schiebehülse enthält zwei Klappen (c 1, c 2), die von einer Feder beaufschlagt werden (s. Abb. 3.49).

Der vom Bremsventil mit integriertem Bremsdruckregler kommende Bremsdruck tritt durch die Bodenplatte des Hydroaggregates ein und beaufschlagt die Schiebehülse. Die weitere Verbindung zu den Bremssätteln und der Rücklauf zum Behälter befinden sich am Deckel des Hydroaggregates. Je nach Stromfluß ergeben sich drei mögliche Funktionen des Elektroventils:

☐ Wird die Wicklung im Elektroventil nicht vom Strom durchflossen, wird die Schiebehülse aufgrund der Federwirkung im oberen Teil des Zylinders gehalten. Durch die Klappe c 1 strömt Druck in die Schiebehülse ein. Die Klappe c 2 verschließt dabei den Rücklauf zum Behälter. Der Druck im Bremssystem baut sich normal auf, und der Bremsvorgang läuft so ab, als wäre kein ABS installiert.

- Durchfließt eine mittlere Stromstärke von etwa 2 A die Wicklung des Elektroventils, dann wird die Schiebehülse zum Boden des Elektroventils entgegen der Federkraft so weit angezogen, bis die Klappe c 1 den Druckeintritt verschließt. Verschlossen bleibt in dieser Phase auch die Klappe c 2, die dadurch weiterhin den Rücklauf zum Behälter absperrt. In dieser Phase ist weder eine Bremsdruckverstärkung noch eine Bremsdruckreduzierung möglich. Das Elektroventil befindet sich in der Druckhaltephase.
- Nimmt der Stromfluß durch die Wicklung bis zum Maximalwert von ca. 5 A zu, wird die Schiebehülse bis zum Boden des Elektroventils angezogen. Zwangsweise geführt folgt auch die Klappe c 2 so weit, bis sie den Rücklaufkanal zum Behälter freigibt. Somit ist eine Verbindung zwischen Bremskreis und Rücklauf geschaffen. Der Druck im Bremssystem nimmt ab. Bei der Funktion des Elektroventils können also drei Phasen unterschieden werden:
- Es fließt kein Strom, der Druck im Bremskreis steigt an.
- Es fließt ein mittlerer Strom (2 A), der vorhandene Druck im Bremskreis wird gehalten.
- Es fließt ein hoher Strom (5 A), der Druck im Bremskreis fällt ab.

Ein zusätzlich im Boden des Elektroventils installiertes Kugelventil ermöglicht den schnellen Druckabbau in allen Bremskreisen über das Bremsventil, sobald das Bremspedal entlastet wird. Alle diese Vorgänge müssen zum richtigen Zeitpunkt und in extrem kurzen Zeiten ausgeführt werden. Dafür werden die Elektroventile vom Steuergerät über Endstufen angesteuert.

Das Elektroniksystem des bei Citroen verwendeten ABS besteht aus vier Drehzahlfühlern (an jedem Rad einer) und der zentralen Steuereinheit. Zur Feststellung der Raddrehzahl ist jedem Rad des Fahrzeugs ein Zahnrad zugeordnet, dessen Zähnezahl vom Drehzahlfühler bei der Drehbewegung des Rades registriert wird. Die Drehzahlfühler bestehen aus einer Wicklung und einem Dauermagneten. Bei jedem Durchlauf eines Zahnes entsteht an den Anschlüssen der Wicklung ein Sinus-Induktionsstrom. Die Stromfrequenz verhält sich proportional zur Geschwindigkeit des Fahrzeugs. Anhand dieser Daten erkennt das Steuergerät die Geschwindigkeit jedes Rades und kann aus dieser Information eine Durchschnittsgeschwindigkeit der Räder und somit des Fahrzeugs ermitteln. Die errechnete Durchschnittsgeschwindigkeit wird sodann mit der aktuellen Geschwindigkeit eines jeden Rades verglichen und dadurch sicher Beschleunigungsgeschwindigkeit bzw. Verzögerungsvorgänge an den Rädern erkannt.

Nimmt nun die Verzögerung eines Rades stark zu, so daß es zum Blockieren neigt, wird vom Steuergerät ein ca. 2 A starker Strom an das Elektroventil des Hydroaggregates angelegt und der vorhandene Bremsdruck damit gehalten. Bei weiterer Zunahme der Blockierneigung wird die Stromstärke am Elektroventil bis zu 5 A verstärkt. Über das Elektroventil wird damit ein Druckabfall im Bremskreislauf bewirkt. Das nun freigegebene Rad nimmt wiederum bis zur Blockierneigung an Geschwindigkeit zu, und das Wechselspiel zwischen Druckanstieg im Bremskreis, Halten des Druckes beim Druckabfall im Bremskreis, beginnt von neuem, und zwar so lange, bis der Fahrer aufhört, das Bremspedal zu betätigen. Da beim ABS des Citroen CX der hintere rechte und linke Bremssattel hydraulisch als ein Bremskreis miteinander verbunden sind, wird die Bremsleistung der gesamten Achse jeweils von dem Hinterrad mit der geringeren Haftung beeinflußt.

Das im Citroen CX 25 GTI Turbo eingebaute ABS wird von der Firma Bosch geliefert. Es ist daher in seiner Funktion mit dem in Abschnitt 3.2 beschriebenen System weitestgehend identisch. Das ABS tritt bei jedem Bremsvorgang ab 8 km/h in Funktion. Es stellt die geregelte Verzögerung praktisch bis zum Stillstand des Fahrzeugs sicher. Das ABS enthält ein integriertes Selbstkontrollsystem des Steuergerätes. Dazu leuchtet beim Einschalten der Zündung an der Instrumententafel beim Citroen eine gelbe Kontrolleuchte auf. Sobald über den Öldruck die Information gegeben wird, daß der Motor läuft, erlischt die Kontrolleuchte. Mit dem Anfahren des Fahrzeugs nimmt das ABS einen Testzyklus zur Selbstkontrolle vor. Der Zyklus erstreckt sich auf alle elektronischen und elektrischen Bauteile des Systems. Bei einwandfreier Funktion bleibt die Kontrolleuchte erloschen. Im Rahmen eines Selbstcheck-Programmes werden während der gesamten Fahrdauer der Drehzahlfühler, das Steuergerät und der elektrische Teil der Elektroventile permanent überprüft. Bei der Feststellung eines Fehlers leuchtet die ABS-Kontrolleuchte in der Instrumententafel auf, und das ABS wird abgeschaltet. In diesem Fall kann das Fahrzeug wie jedes herkömmliche Fahrzeug ohne ABS weiterhin voll funktionsfähig abgebremst werden.

Um das ABS zu installieren, waren verschiedene Änderungen im Fahrwerksbereich des Citroen CX erforderlich. Die Drehzahlfühler sind für alle vier Räder des Fahrzeugs identisch, unterscheiden sich aber von ihrem Einbau her. Die zugeordneten vorderen und hinteren Zahnräder der Drehzahlfühler sind unterschiedlich. Die Drehzahlfühler, Fabrikat Bosch, haben einen inneren Widerstand von 1000 Ω. Zu ihrer Aufnahme erhält der Citroen CX 2500 GTI Turbo geänderte Achsschenkel links und rechts sowie neue Gelenkwellen, die am Ende ein aufgepreßtes Zahnrad mit 48 Zähnen haben. Auch die Bremssättel wurden zur Führung des Kabels des Drehzahlfühlers geändert. An der

Hinterachse wurden ebenfalls neue Längslenker rechts und links, die eine Aufnahme für den Drehzahlfühler besitzen, erforderlich. Ebenfalls wurde die Radnabe erneuert, die ein Aufpressen des Zahnrades ermöglicht. Ferner wurden neue Lagerabdichtungen der Hinterradnabe auf der Innenseite der Längslenker verwendet.

Das Hydroaggregat wird durch drei Silentblöcke an der oberen Traverse der vorderen Wagenkasteneinheit befestigt. In den oberen Teil des Aggregates sind die folgenden Markierungen eingeprägt:

r = Anschlußrücklauf zum Behälter
a = Anschluß der Hinterradbremssättel
g = Anschluß linker Bremssattel
d = Anschluß rechter Bremssattel

Der innere Widerstand des Elektroventils beträgt 1,10 Ω.

Das Hydroaggregat kann nicht repariert werden. Es ist immer der Austausch der kompletten Einheit vorzunehmen. Das gilt auch, wenn nur ein Elektroventil defekt ist oder geforderte Prüfwerte von diesen Ventilen nicht erbracht werden. Das Bosch-Steuergerät mit der Nummer 0265.103.009 befindet sich unter der Rücksitzbank. Es wird mit 12 V Batteriespannung versorgt und ist mit einem 35fach-Kabelstekker, der identisch mit dem Einspritzsystem der L-Jetronic ist, mit dem System verbunden.

Die Verkabelung des ABS ist dem Schaltplan in Abb. 3.49 zu entnehmen. Zwei Relais sind der Anlage zugeordnet. Das eine Relais übernimmt die Versorgung des Steuergerätes und des Relais der Elektroventile mit Spannung von einem direkten Plus-Anschluß. Es ist als Überspannungsschutzrelais ausgebildet und enthält deshalb eine Zener-Diode mit einem Schmelzdraht. Das zweite Relais versorgt die Elektroventile. Es enthält über Anschluß 4 eine Ruhelage, die im Fall mangelnder Spannungsversorgung des Steuergerätes das Aufleuchten der ABS-Warnleuchte bewirkt. Das ABS ist gesondert verkabelt. Am Steuergerät befindet sich der 35polige Vielfachstecker, mit dem sämtliche Verbindungen zu den Drehzahlfühlern, dem Hydroaggregat, den Relais und der Kontrolleuchte hergestellt werden.

Zur Prüfung und Reparatur des ABS gibt Citroen folgende Hinweise:

☐ Reifenquietschgeräusche, die bei hoher Radverzögerung auftreten können, sind kein Anzeichen für einen Fehler im ABS.
☐ Das Entlüften der Bremskreisläufe ist wie bei einem Fahrzeug ohne ABS durchzuführen.
☐ Das Hydroaggregat kann nicht repariert werden. Bei einer Störung an einem Elektroventil muß das gesamte Aggregat ausgetauscht werden.

- [ ] Elektroventile dürfen nicht unter direktem Anschluß an eine 12-V-Batterie getestet werden.
- [ ] Die Einstellung der Drehzahlfühler ist nicht möglich. Der Luftspalt zu den Zahnrädern beträgt an der Vorderachse 0,8 bis 1,2 mm, an der Hinterachse 0,1 bis 0,8 mm. Die Zahnräder für die hinteren Drehzahlfühler können ausgetauscht werden.
- [ ] Die Zener-Diode sowie der Schmelzdraht im Überspannungs-Schutzrelais dürfen nicht ausgetauscht werden. Bei einer Störung ist das komplette Relais zu ersetzen.

Zur Überprüfung des ABS empfiehlt Citroen ein Universal-Meßgerät mit Digitalanzeige. Die Prüfanordnung ist der Abb. 3.50 zu entnehmen. In der nachfolgend aufgeführten Checkliste ist das Prüfprogramm beschrieben. Die ersten beiden Kontrollen werden bei betriebsbereitem Steuergerät durchgeführt. Die in die Instrumententafel integrierte Kontrolleuchte zeigt einen eventuellen Fehler an. Die nachfolgenden Kontrollen müssen bei abgeklemmtem Steuergerät durchgeführt werden.

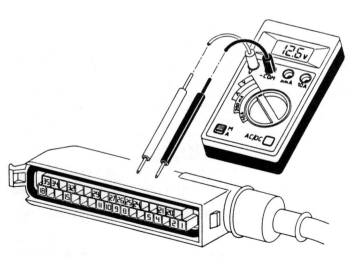

Bild 3.50 Prüfanordnung für das Citroen-ABS (Citroen)

Prüfung des ABS für den Citroen CX 25 GTI Turbo

	Kontrolle	Prüfgerät	Arbeitsvorgänge	Richtige Funktionen oder richtige Werte	Zusätzliche Arbeitsvorgänge bei unrichtigen Ergebnissen
1	Kontrolle der Information Motor läuft	ABS-Kontrollleuchte in der Instrumententafel	Zündung einschalten	– Kontrollleuchte brennt	– ABS-Kontrollleuchte in der Instrumententafel leuchtet nicht auf, siehe Test (11).
			Motor anlassen	– Kontrollleuchte erlischt	– ABS-Kontrollleuchte in der Instrumententafel brennt weiter. Zwei Möglichkeiten:
			Motor läuft		1. Wenn die Öldruckkontrolleuchte brennt, Motoröldruck oder Funktion des Druckschalters kontrollieren. 2. Bei erloschener Öldruckkontrolleuchte Steuergerät abklemmen und Stromversorgung von Anschluß 15 des Steckers des Steuergeräts prüfen: $U > 12$ Volt; bei falschem Wert Stromversorgung kontrollieren.
2	Selbstkontrolleinrichtung des Steuergeräts	ABS-Kontrollleuchte in der Instrumententafel	Während der Motor mit 3000/min dreht, Zündung ausschalten und sofort wieder einschalten	Kontrolleuchte leuchtet wieder auf und erlischt	– Versuch wiederholen: 1. Kontrollleuchte brennt noch: ☐ Steuergerät austauschen. 2. Kontrollleuchte brennt nicht: ☐ Nachfolgende Tests vornehmen.
	Steuergerät betriebsbereit				

	Kontrolle	Prüfgerät	Arbeitsvorgänge	Richtige Werte	Zusätzliche Arbeitsvorgänge bei unrichtigen Ergebnissen
3	Widerstand der Drehzahlfühler	Ohmmeter	– Zündung ausschalten Stecker abgezogen – Messen: ☐ zwischen 4 und 5 Drehzahlfühler vorn links ☐ zwischen 11 und 21 Drehzahlfühler vorn rechts ☐ zwischen 24 und 26 Drehzahlfühler hinten rechts ☐ zwischen 8 und 9 Drehzahlfühler hinten links	0,6 bis 1,6 kΩ	Am schadhaften Drehzahlfühler: – Anschlüsse prüfen. – Widerstand am 2fach-Stecker des Drehzahlfühlers ☐ Vorgeschriebener Wert wird nicht erreicht: Drehzahlfühler austauschen. ☐ Vorgeschriebener Wert wird erreicht: Durchgang der Kabel zwischen Drehzahlfühler und Stecker des Steuergeräts prüfen.
	Steuergerät abgeklemmt				

4	Isolierung der Drehzahlfühler	Ohmmeter	Bei ausgeschalteter Zündung. Stecker abgezogen. – Messen: zwischen Masse und ☐ 4 oder 5 Drehzahlfühler vorn links ☐ 11 oder 21 Drehzahlfühler vorn rechts ☐ 24 oder 26 Drehzahlfühler hinten rechts ☐ 8 oder 9 Drehzahlfühler hinten links	$R > 20\ k\Omega$	Am schadhaften Drehzahlfühler: Stecker abziehen und Messung von Masse und den Anschlüssen des Steckers vornehmen. Ist Fehler noch vorhanden, den Drehzahlfühler erneuern. Wird kein Fehler festgestellt, Messung am Stecker des Kabels zum Steuergerät in gleicher Weise durchführen. Ist Fehler vorhanden, Kabel kontrollieren bzw. erneuern.
Steuergerät abgeklemmt					

Kontrolle	Prüfgerät	Arbeitsvorgänge	Richtige Werte	Zusätzliche Arbeitsvorgänge bei unrichtigen Ergebnissen
5 Funktion der Drehzahlfühler (Vorhandensein der Signalamplitude)	Voltmeter mV ~ (Wechselstrom)	Rad hängt frei. Zündung ausgeschaltet – Nacheinander jedes Rad mit 1 Umdrehung pro Sekunde drehen, messen: ☐ zwischen 4 und 5 Drehzahlfühler vorn links ☐ zwischen 11 und 21 Drehzahlfühler vorn rechts ☐ zwischen 24 und 26 Drehzahlfühler hinten rechts ☐ zwischen 8 und 9 Drehzahlfühler hinten links	$U > 100$ mV	Am schadhaften Drehzahlfühler: – Prüfen der Anordnung und der Sauberkeit der Drehzahlfühler. – Prüfen des Spiels durch die Achsschenkel- oder Nabenlager. – Prüfen des Luftspalts. **Anmerkung:** Wenn die minimal erforderliche Spannung erreicht ist, werden keine Messungen durchgeführt.
Steuergerät abgeklemmt				

6	Störspannung in den Kabeln der Drehzahlfühler	Voltmeter mV – (Gleichstrom)	Bei eingeschalteter Zündung messen zwischen 1 und: ☐ 4 oder 5 Drehzahlfühler vorn links ☐ 11 oder 21 Drehzahlfühler vorn rechts ☐ 24 oder 26 Drehzahlfühler hinten rechts ☐ 8 oder 9 Drehzahlfühler hinten links	0 bis 50 mV	Am schadhaften Drehzahlfühler: – Anschlüsse des Drehzahlfühlers abziehen. – Versuch am Stecker des Drehzahlfühlers wiederholen: ☐ Wenn die Anzeige stimmt, Kabelbündel austauschen. ☐ Wenn die Anzeige nicht stimmt, Drehzahlfühler austauschen.
7	Anschlüsse an Masse des Steuergeräts	Ohmmeter	Bei ausgeschalteter Zündung messen: ☐ zwischen Masse und 10 ☐ zwischen Masse und 20 ☐ zwischen Masse und 34	$R \approx 0$ (etwa oder gleich)	– Anschlüsse am Steuergerät und Leitung sowie Masseanschluß an der Karosserie
Steuergerät abgeklemmt					

	Kontrolle	Prüfgerät	Arbeitsvorgänge	Richtige Werte	Zusätzliche Arbeitsvorgänge bei unrichtigen Ergebnissen
8	Stromversorgung des Steuergeräts	Voltmeter	Bei eingeschalteter Zündung messen:	$U > 12$ V	- Batteriespannung kontrollieren. Anschluß des ABS-Kabelbündels am schwarzen Stecker des -Pluskabels der Batterie (an der Batterie) kontrollieren. - Durchgang prüfen: ☐ zwischen Anschluß 5 des Steckers vom Relais des Elektroventils (Rv) und Pluspol der Batterie. ☐ zwischen Anschluß + vom Stecker des Relais für Überspannungsschutz (Rp) und Pluspol der Batterie. ☐ zwischen Anschluß R vom Stecker des Relais für Überspannungsschutz (Rp) und Klemme 1 des Steckers des Steuergeräts. - Wenn Batteriespannung und Durchgang in Ordnung sind. Relais für Überspannungsschutz (Rp) wie im Test (15) beschrieben kontrollieren.
		Ohmmeter	☐ zwischen 1 und 10 ☐ zwischen 1 und 20 ☐ zwischen 1 und 34 ☐ zwischen 1 und Masse		
	Steuergerät abgeklemmt				

9	Bremslicht-schalter	Voltmeter	Bei eingeschalteter Zündung auf Bremspedal treten, Bremsleuchten leuchten auf – Messen zwischen 25 und Masse	$U > 11{,}5$ Volt	– Bremsleuchten leuchten nicht auf: Bremslichtschalter und dessen Stromkreis prüfen. – Bremsleuchten leuchten auf: Anschluß des ABS-Kabelbündels am vorderen Kabelbündel beim Pedalwerk und Durchgang zwischen Anschluß 25 des Steckers des Steuergeräts und Bremslichtschalter kontrollieren.
10	Relais für Elektroventile ABS-Diode an Elektroventilen	Ohmmeter X 10	– Zündung ausgeschaltet, Relais für Elektroventile (Rv) abgeklemmt – Messen zwischen 29 und 32 ☐ in einer Richtung, ☐ in der anderen Richtung – Nach Versuchen Relais wieder anklemmen	Blockierte Richtung: $R \cong \infty$ Stromflußrichtung: $R > 200\ \Omega$	– Durchgang kontrollieren: ☐ zwischen Anschluß 29 am Stecker des Steuergeräts und Anschluß 1 am Stecker der Elektroventile, ☐ zwischen Anschluß 32 am Stecker des Steuergeräts und Anschluß 5 am Stecker der Elektroventile. – Ist der Durchgang korrekt, Diode direkt zwischen Anschlüssen 5 und 1 des Steckers der Elektroventile kontrollieren.
	Steuergerät abgeklemmt				

	Kontrolle	Prüfgerät	Arbeitsvorgänge	Richtige Werte	Zusätzliche Arbeitsvorgänge bei unrichtigen Ergebnissen
11	Falls die ABS-Kontrolleuchte in der Instrumententafel nicht aufleuchtet U Batterie > 12 Volt	Ohmmeter Voltmeter	– Zündung ausgeschaltet – ABS-Leuchte in der Instrumententafel ausbauen – Widerstand des Glühfadens messen	$R = 120 \pm 20\ \Omega$	– Durchgang prüfen: ☐ zwischen Anschluß 29 am Stecker des Steuergeräts und ABS-Kontrolleuchte in der Instrumententafel, ☐ zwischen ABS-Kontrolleuchte in der Instrumententafel und Anschluß C des Steckers des Relais für Überspannungsschutz (Rp). – Wenn der Durchgang korrekt ist: ☐ Zündung eingeschaltet, ☐ Spannung zwischen Anschluß C des Relais für Überspannungsschutz (Rp) und Masse kontrollieren: $U > 12$ Volt, ☐ falls sie nicht korrekt ist, Verbindung ABS-Kabelbündel/vorderes Kabelbündel am Zündschloß kontrollieren.
12	Relais für Elektroventile	Ohmmeter	– Zündung ausgeschaltet – 1 und 27 messen	$75 \pm 25\ \Omega$	– Dieselben Arbeitsvorgänge zwischen Anschluß 1 und 2 des Relais (Rv) für Elektroventile: Bei unrichtigem Ergebnis Relais für Elektroventile (Rv) austauschen. – Ist das Relais für Elektroventile (Rv) funktionstüchtig, Durchgang prüfen:
	Steuergerät abgeklemmt				

13	Stromversorgung des Relais (Rv) für Elektroventile	Voltmeter	Bei eingeschalteter Zündung messen: zwischen 27 und 10 oder zwischen 27 und 20 oder zwischen 27 und 34 oder zwischen 27 und Masse	$U > 12$ Volt
				☐ zwischen Anschluß 1 des Steckers des Steuergeräts und Anschluß R des Steckers des Relais für Überspannungsschutz (Rp), ☐ zwischen Anschluß R des Steckers des Relais für Überspannungsschutz (Rp) und Anschluß 1 des Steckers des Relais für Elektroventile, ☐ zwischen Anschluß 2 des Steckers des Relais für Elektroventile (Rv) und Anschluß 27 des Steckers des Steuergeräts.
				– Test (12) durchführen – Wenn die Ergebnisse des Tests (12) richtig sind, ist das Steuergerät defekt.

Steuergerät abgeklemmt

	Kontrolle	Prüfgerät	Arbeitsvorgänge	Richtige Werte	Zusätzliche Arbeitsvorgänge bei unrichtigen Ergebnissen
14	Innerer Widerstand der Elektroventile	Ohmmeter	Bei ausgeschalteter Zündung messen: ☐ zwischen 32 und 2 Elektroventil vorn links ☐ zwischen 32 und 35 Elektroventil vorn rechts ☐ zwischen 32 und 18 Elektroventil hinten	0,7 bis 1,7 Ω Die Werte des Widerstands dürfen nicht mehr als 5% voneinander abweichen	An jedem schadhaften Elektroventil: – Widerstand direkt am Stecker der Elektroventile (Ev) messen. – Falls der Wert nicht erreicht wird, Aggregat (Ev) austauschen. – Wird der Wert erreicht, Durchgang im Relais (Rv) kontrollieren: ☐ zwischen Anschluß 32 des Steckers des Steuergeräts und Anschluß 5 des Steckers für Elektroventile (Ev), ☐ zwischen Anschluß 35 des Steckers des Steuergeräts und Anschluß 3 des Steckers für Elektroventile (Ev), ☐ zwischen Anschluß 2 des Steckers des Steuergeräts und Anschluß 2 des Steckers für Elektroventile (Ev), ☐ zwischen Anschluß 18 des Steckers des Steuergeräts und Anschluß 4 des Steckers für Elektroventile (Ev).
			Steuergerät abgeklemmt		

15	Zener-Diode und Schmelzdraht des Relais für Überspannungsschutz (Rp)	Ohmmeter	Messen zwischen + und T ☐ in einer Richtung ☐ in der anderen Richtung (Meßkabel vertauschen)	Blockierte Richtung: $R \simeq \infty$ Stromflußrichtung: $R > 200\,\Omega$	Relais für Überspannungsschutz (Rp) defekt.
16	Wicklung des Relais für Überspannungsschutz (Rp)	Ohmmeter	Messen zwischen T und C ☐ in einer Richtung ☐ in der anderen Richtung (Meßkabel vertauschen)	Blockierte Richtung: $R \simeq \infty$ Stromflußrichtung: $R > 200\,\Omega$	Relais für Überspannungsschutz (Rp) defekt.
Relais für Überspannungsschutz					

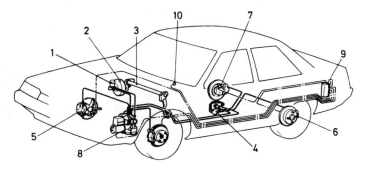

Bild 3.51 Anordnung des ABS im Mitsubishi Galant 2000 Turbo ECI (MMC Auto Deutschland)
Es bedeuten:
1 Hauptbremszylinder
2 Bremskraftverstärker
3 Bremsbetätigung
4 Bremskraftregler
5 vorderer Bremssattel
6 hinterer Bremssattel
7 Geschwindigkeitssensor
8 Hydraulikeinheit
9 Elektronische Steuereinheit
10 ABS-Warnleuchte

3.4 ABS des Mitsubishi Galant 2000 Turbo ECI

Das leistungsstärkste Galant-Modell von Mitsubishi ist mit einem Antiblockiersystem ausgestattet. Das System besteht aus den vier Geschwindigkeitssensoren, der elektrischen Steuereinheit sowie der Hydraulikeinheit. Die Hydraulikeinheit wird von einer elektrischen Kolbenpumpe angetrieben, welche vier Magnetventile besitzt, die den Flüssigkeitsdruck der einzelnen Radzylinder aufgrund der von der Steuereinheit abgegebenen Signale regeln. Die Vorderräder werden unabhängig, die Hinterräder gemeinsam geregelt. Eine Kontrollleuchte in der Instrumententafel leuchtet im Störungsfall auf. Die Anordnung des ABS im Galant ist in Abb. 3.51 dargestellt. Regelprinzip und Darstellung der Regelung ist identisch mit den Beschreibungen des ABS in Abschnitt 3.3.

Die Hydraulikeinheit beim Mitsubishi Galant besteht aus Elektromotor, Kolbenpumpe, Magnetventilen, Akkumulatoren, Reservoirs, Dämpfungsventilen, Rückschlagventilen und Relais. Sie ist zur Verminderung der Vibration in Gummibuchsen im Motorraum vorne links aufgehängt. Die Bremsleitungen sind in zwei diagonal angeordnete Kreise unterteilt.

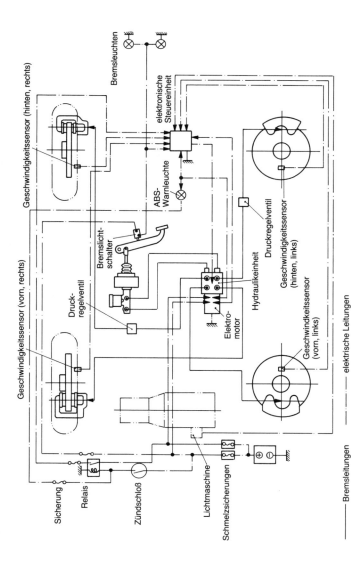

Bild 3.52 Systemanordnung des Mitsubishi-ABS (MMC Auto Deutschland)

Im normalen Bremsfall wird das Magnetventil der Hydraulikeinheit nicht betätigt. Die Bremsflüssigkeit durchfließt das Dämpfungs- und das Magnetventil und gelangt zum Radbremszylinder. Der Rückfluß der Bremsflüssigkeit erfolgt beim Lösen des Bremspedals durch das Rückschlagventil hindurch zurück zum Hauptbremszylinder, sofern der Bremsflüssigkeitsdruck im Radbremszylinder von 10 bar an aufwärts beträgt. Fällt der Druck unter 10 bar ab, weicht ein Dämpfungsventilkolben nach links aus und öffnet entgegen einer Federkraft ein Kugelventil, um den Durchgang vom Radbremszylinder zum Hauptbremszylinder freizugeben.

Entspricht der in den Radbremszylindern aufgebaute Bremsflüssigkeitsdruck dem optimalen Wert zur Bremsverzögerung, wird das Magnetventil durch einen 2 A starken Strom über die Steuereinheit betätigt. Es verschließt dabei Ein- und Auslaß des Magnetventils, so daß der Druck im Radbremszylinder konstant gehalten wird.

Neigt das Rad zum Blockieren, wird der Steuerstrom auf 5 A erhöht. Das Magnetventil verschließt den Einlaß der Bremsflüssigkeit und öffnet die Auslaßseite. Es erfolgt Druckabbau im Radbremszylinder, weil nun Bremsflüssigkeit über den Auslaß in das Reservoir fließt. Gleichzeitig werden der Elektromotor und die Kolbenpumpe der Hydraulikeinheit eingeschaltet. Sie sorgt dafür, daß nun die Bremsflüssigkeit aus dem Reservoir durch das Saug- und Druckventil hindurch in den Akkumulator transportiert wird. Das Rückschlag- und das Dämpfungsventil sind in diesem Zustand geschlossen. Eine direkte Verbindung zwischen Haupt- und Radbremszylinder besteht also nicht. Deshalb sind die Regelphasen des ABS nur als leichtes Pulsieren im Bremspedal spürbar.

Wird vom Steuergerät der Strom zum Magnetventil unterbrochen, öffnet sich der Einlaß des Magnetventils, der Auslaß wird verschlossen. Der Bremsflüssigkeitsdruck im Radbremszylinder nimmt jetzt zu, weil der Flüssigkeitsdruck des Akkumulators auf den Radbremszylinder wirkt.

Der Aufbau der Geschwindigkeitssensoren und des Steuergerätes ist identisch mit den zuvor in Abschnitt 3.3 beschriebenen Anlagen. Die elektronische Steuereinheit des ABS ist im linken Seitenteil des Mitsubishi Galant befestigt.

3.5 Das Ate-ABS MK II des Ford Scorpio

Dieses von Ate entwickelte Antiblockiersystem ist in allen Ford-Scorpio-Modellen serienmäßig ohne Aufpreis installiert. Die System-Merkmale des Ate-ABS MK II sind:

- [ ] Elektronische Regelung mit redundanter Informationsverarbeitung als Sicherheitskonzept. In dieser Form erstmals bei einem Antiblockiersystem für Pkw verwirklicht.
- [ ] Radsensoren an allen vier Rädern, deren Informationen im elektronischen Regler verarbeitet werden.
- [ ] Integration in das hydraulische Bremssystem in der Art, daß Bremsbetätigung, Bremskraftverstärkung und Antiblockier-Regelfunktion konstruktiv und funktionell zusammengefaßt sind.
- [ ] Modulbauweise aller Systemkomponenten.
- [ ] Kompakte Ausführung ohne zusätzliche hydraulische Anschlüsse.
- [ ] Eigene Hochdruck-Energieversorgung mit Reservoir und Hydro-Speicher.
- [ ] Das System ist wartungsfrei.

Beim Ford Scorpio kommt ein Zweikreis-Bremssystem zum Einsatz, das aus einem Bremskreis für die Vorderräder und einem Bremskreis für die Hinterräder besteht. Das ABS arbeitet nicht mit Vakuumunterstützung, sondern benutzt einen hydraulischen Verstärker, auf den Speicherdruck wirkt. Kernstück des ABS ist ein von Ate entwickeltes Hydraulikaggregat. Betätigt werden die Vorderradbremsen von einem Einkolben-Hauptbremszylinder, die Hinterradbremsen mit Hilfe des Speicherdrucks. Dieser wird von einer Elektropumpe erzeugt. Dazu wird die Bremsflüssigkeit gegen eine Membrane des mit Gas gefüllten Druckspeichers gedrückt. Der Druckspeicher ist in das Hydraulikaggregat integriert. An jedem Fahrzeugrad befindet sich ein Drehgeschwindigkeitssensor. Seine Funktion ist identisch mit den zuvor in Abschnitt 3.3 beschriebenen. Die Druckregelung wird von einem elektronischen Steuergerät ausgelöst. Sie erfolgt bis zu 12mal pro Sekunde.

Die Drehzahlgeber sind vorn im Schwenklager, hinten in der Radnabe eingesetzt und werden mit einer Schraube gehalten. Sie sind nicht einstellbar. Das ABS-Steuergerät ist beim Ford Scorpio auf der Beifahrerseite hinter dem Handschuhfach montiert. Es kann nicht repariert werden und ist bei einem eventuellen Defekt zu ersetzen. Das Hydraulikaggregat ist im Motorraum an der Spritzwand montiert. Einige Teile des Hydraulikaggregates sind austauschbar. Das Hauptsowie das Pumpenrelais befinden sich unter der Instrumententafelabdeckung. Die Sicherungen sind in einer Sicherungsbox im Handschuhfach untergebracht. Die Funktion des Bremssystems wird durch zwei Warnlampen im Kombiinstrument linksseitig der Lenksäule angezeigt: Die ABS-Warnlampe sowie die Bremsen-Warnlampe für zu niedrigen Bremsflüssigkeitsstand, zu niedrigen Speicherdruck und angezogene Handbremse.

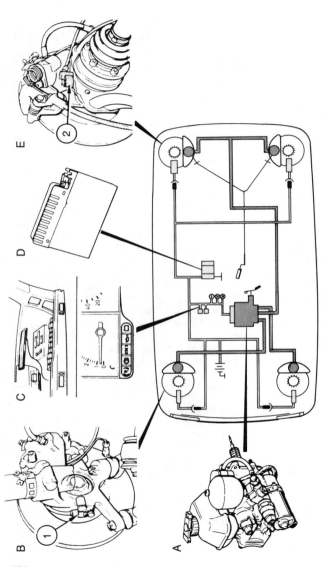

Bild 3.53 Systemübersicht des Ate-ABS MK II im Ford Scorpio (Ford)
Es bedeuten:
A Hydraulik-Aggregat
B Vorderrad-Bremsanlage
1 Sensor
C Warn- und Sicherheitseinrichtungen (Warnlampen, Relais, Dioden)
D ABS-Steuergerät
E Hinterrad-Bremsanlage
2 Sensor

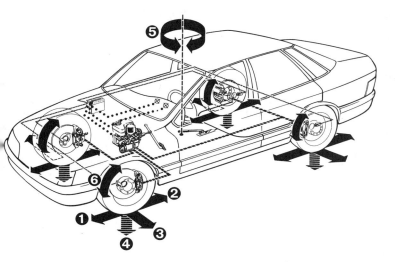

Bild 3.54 Das ABS erfaßt in wenigen Millisekunden alle relevanten Fahrdynamik-Daten und berechnet danach den optimalen Bremsdruck (Ate)
Es bedeuten:
1 Antriebskräfte
2 Bremskräfte
3 Seitenführungskräfte
4 Aufstandskräfte
5 Giermomente
6 Trägheitsmomente
(Die Pfeile zu 1 und 2 sind zum besseren Verständnis entgegen der physikalischen Wirkrichtung dargestellt)

Bild 3.55 Das Ate-ABS MK II benötigt kaum mehr Einbauraum als ein konventionelles Bremssystem (Ate)

Die ABS-Warnlampe leuchtet nach dem Startvorgang ca. 3 s lang auf. Mit Erlöschen der Warnlampe ist das Antiblockiersystem betriebsbereit. Das Nichtaufleuchten der Warnlampe nach dem Starten bzw. das Nichterlöschen nach maximal 60 s zeigt eine Störung im ABS an. Die ABS-Regelung ist damit teilweise oder vollständig stillgelegt. Die normale Bremswirkung auf alle vier Räder des Fahrzeugs bleibt trotzdem erhalten. Sie ist von der Funktion des ABS nicht berührt. Die Warnlampe ist so geschaltet, daß sie unabhängig vom Zusatzwarnsystem des ABS funktioniert.

Das ABS-Warnrelais befindet sich unter der Instrumententafelabdeckung. Die Sicherungen sind in einer Sicherungsbox im Handschuhfach untergebracht.

Service- und Prüfanleitungen

Wichtige Hinweise

- [ ] Das ABS arbeitet mit hohem Druck (180 bar) und muß – vor den Arbeiten daran – drucklos gemacht werden.
- [ ] Zündung ausschalten (Position «0»), falls der Test nicht etwas anderes verlangt.
- [ ] Getriebe in Leerlaufstellung schalten.
- [ ] Keine Bremsflüssigkeit über Karosserielack verschütten.
- [ ] ABS-Steuergerät bei Schweißarbeiten am Fahrzeug abbauen.

Das ABS benötigt wenig Wartung.

- [ ] Der Flüssigkeitsstand im durchsichtigen Vorratsbehälter läßt sich auf einen Blick überprüfen.
- [ ] Gemäß Ford-Spezifikation wird normale Bremsflüssigkeit verwendet.
- [ ] Die Entlüftung der Bremsanlage verlangt ein paar Besonderheiten:

Die Entlüftung der Vorderradbremsen erfolgt normal durch Pumpen des Bremspedals und Entlüften am vorderen Bremssattel oder mit Hilfe einer Druckanlage.

Der Vorgang zur Entlüftung der hinteren Scheibenbremse ist neu, weil der eigene Speicherdruck genutzt wird. Der Vorgang ist wie folgt:

Zündschlüssel abziehen. Bremspedal mindestens 20mal betätigen und Druck des Systems dadurch abbauen.
Entlüftungsschlauch mit Flasche auf Entlüftungsschraube des linken hinteren Bremssattels aufstecken und eine Umdrehung lösen.
Bremspedal ganz durchdrücken und halten.
Zündschlüssel in Position 2 drehen.
Entlüftungsschraube schließen, wenn Bremsflüssigkeit blasenfrei austritt.
Bremspedal loslassen und warten, bis die Hydraulikpumpe aufhört zu laufen.
Entlüftungsschlauch mit Flasche an der rechten Seite aufstecken und Entlüftungsschraube eine Umdrehung öffnen.
Bremspedal halb durchtreten und in dieser Position halten.
Entlüftungsschraube schließen, wenn Bremsflüssigkeit blasenfrei austritt.
Bremspedal loslassen und warten, bis die Hydraulikpumpe aufhört zu laufen.
Bremsflüssigkeit bis zur Max.-Markierung im Vorratsbehälter auffüllen!
Scorpio-Fahrzeuge haben auch eine Bremsbelag-Warnanzeige. Sie zeigt an, wenn die Bremsbeläge abgenutzt sind. Die Warnanzeige ist nicht Teil des ABS.
Beim Anschalten der Zündung leuchtet die Warnleuchte und geht nach ca. 5 s aus. Leuchtet die Anzeige weiter, liegt Bremsklotzverschleiß vor.
Während der Wartung ist eine Sichtinspektion der Bremsklötze angebracht.
Die Vorder- und Hinterradbremsen sind selbsteinstellend und bedürfen im Service keiner Einstellung.

Der Radbremsmechanismus ist Teil des hinteren Bremssattels und ist selbsteinstellend.

Das Handbremsseil ist in einen Hebel eingehangen, der über einen Nocken auf einen Stößelmechanismus wirkt. Eine Wartung ist nicht erforderlich.

Bei der Prüfung des ABS immer den detaillierten Anweisungen der Prüfanleitung folgen.

Die Anleitung basiert auf möglichen Kundenbeanstandungen. Deshalb ist eine genaue Beschreibung der Beanstandung durch den Kunden sehr wichtig.

Sofern erforderlich, sich von dem Zustand überzeugen, den der Kunde beschrieben hat.

Das Fahrzeug auf offensichtliche Mängel überprüfen.

Die Prüfanleitung für die jeweilige Kundenbeanstandung genau befolgen.

Folgende Testgeräte werden benötigt:

- [ ] Multimeter
- [ ] Prüfbox mit Steckverbindungen
- [ ] Druckbarometer

Beachte: Multimeter und Prüfbox sind bereits von der EEC-4/EFI-Prüfanleitung bekannt.

Grundsätzlich lassen sich drei Fehlerarten unterscheiden:

- [ ] *Fehler im vorderen Bremskreis*
  Eine äußere Leckage im Vorderradbremskreis bewirkt ein Entleeren der Bremsflüssigkeit vom vorderen Teil des Vorratsbehälters.
  Die Hinterradbremse arbeitet weiter mit ABS-Funktion.
  Der vordere Bremskreis bleibt durch das Hauptventil verschlossen, so daß bei der ABS-Regelung keine Bremsflüssigkeit vom Druckraum-Bremskraftverstärker zum vorderen Bremskreis gelangen kann.
- [ ] *Fehler im hinteren Bremskreis*
  Eine äußere Leckage im Hinterradbremskreis bewirkt den Abfall des Bremsflüssigkeitsstandes im hinteren Teil des Vorratsbehälters.
  Der Abfall der Bremsflüssigkeit wird von der Behälterwarneinrichtung registriert und aktiviert das ABS-Steuergerät. Das ABS-Steuergerät schaltet die ABS-Regelung ab.
  Die Vorderradbremsen bleiben weiter funktionsfähig, jedoch steigt der Pedaldruck.

- *Fehler im elektrischen/elektronischen Kreis (Magnetventile, Sensoren, Relais usw.)*
  In diesem Fall geht die ABS-Warnlampe an. Die Bremsverstärkung bleibt erhalten, aber ohne ABS-Regelung.

Beachte: Es kommt selten zum Ausfall eines elektronischen Steuergeräts. Wahrscheinlicher sind Fehler der elektrischen Verbindungen, der Sensoren, Relais und Schalter.

Druckprüfungen

Warnung:
Der Druckspeicher steht unter sehr hohem Druck (bis zu 210 bar). Dieser Druck muß abgebaut werden, bevor das Druckmanometer angebaut oder eine andere Arbeit am Drucksystem begonnen wird – einschließlich der Erneuerung des kompletten Hydraulikaggregats.

Zum Abbauen des Drucks wie folgt vorgehen:

- Zündung ausschalten und Zündschlüssel abziehen.
- Bremspedal ca. 20mal betätigen.

Der hydraulische Druckabbau zeigt sich wie folgt:

- Der Pedalwiderstand wird groß (hart).
- Der Bremsflüssigkeitsstand im Vorratsbehälter steigt beträchtlich.

Anschließend kann das Hochdruckmanometer montiert werden.

- Druckspeicher abschrauben.
- Hochdruckmanometer im Adapter und Druckspeicher wieder montieren.

Beachte, daß keine Bremsflüssigkeit auf die Lackierung der Karosserie gelangt!

Verbindungen anziehen, bevor die Zündung eingeschaltet wird.
Für Detailinformationen die Prüfanleitung beachten.
Der Druck-/Warnschalter kann nur als ganze Einheit ausgetauscht werden.
Der Schalter hat an seinem Umfang Belüftungsöffnungen. Nach Einbau des Schalters den farbigen Schutzring so drehen, daß die Belüftungsbohrung nach unten zeigt.
Die Schwinglagerungen zwischen Pumpe und Hydraulikaggregat reduzieren die Geräuschübertragung der Pumpe.
Ein Hochdruckschlauch verbindet das Pumpengehäuse mit dem Bremskraft-Verstärkergehäuse.

Scheibenbremse vorn

Vom Hydraulikaggregat führt je eine Bremsleitung zum Bremssattel des rechten und linken Vorderrades. Der herkömmliche 1-Kolben-Bremssattel – ähnlich Sierra – ist über der innenbelüfteten Bremsscheibe am Schwenklager montiert.

Der ABS-Sensor wird in das Schwenklager eingesteckt und mit einer Schraube befestigt.

Der Sensor wirkt als induktiver Spannungsgeber und endet bei richtiger Montage mit 0-Ring dicht über dem Zahnring.

Der Zahnring ist auf eine Verzahnung der Radnabe aufgesteckt und dreht sich mit dem Rad. Dabei werden die Spannungssignale im Sensor für das ABS-Steuergerät erzeugt.

Der Zahnring kann separat ausgetauscht werden.

Die Steckverbindung für das Sensorkabel befindet sich hinter dem Stehblech im Motorraum.

Scheibenbremse hinten

Der neuentwickelte Girling-Bremssattel der Hinterradbremse ist über einer nichtbelüfteten Bremsscheibe am Achsträger montiert.

Der Bremssattel übernimmt die Funktion der Betriebs- und Handbremse.

Der zweipolige Sensor ähnelt dem an den Vorderrädern und endet bei richtiger Montage dicht über dem Zahnring, der Teil der Radnabe ist.

Die Sensorkabel-Steckverbindung befindet sich unter der Rücksitzbank.

Radsensoren

Die Radsensoren sind bei Bedarf leicht auszutauschen. Der richtige Luftspalt zum Zahnring ergibt sich bei richtiger Montage und bedarf keiner Einstellung.

Zahnring, vorn

Der Zahnring für die Vorderradbremse wird anstelle der Lagerscheibe montiert und ist nach Abbau der Radnabe und Entfernen der Staubkappe zugänglich. Bei richtiger Montage zeigt die flache Seite zum Lager.

Zahnring, hinten

Der Zahnring für die Hinterradbremse ist Teil der Radnabe. Ein Austausch erfordert das Auswechseln der Radnabe.

ABS-Steuergerät

Das ABS-Steuergerät befindet sich in einer Halterung unter dem Handschuhfach und ist im Beanstandungsfall komplett auszutauschen.

3.6 Wabco-ABS im Porsche 959

Der Porsche 959 wird in einer limitierten Auflage von 200 Stück gebaut. Das Antiblockiersystem dieses allradgetriebenen Fahrzeugs, von Wabco konstruiert und hergestellt, weist folgende Besonderheiten gegenüber herkömmlichen Antiblockiersystemen für Pkw auf:

- ☐ Einzelrad-Regelung durch Schlupfsensoren.
- ☐ Modifizierte Individualregelung an der Vorderachse.

Die Vorderräder werden modifiziert individuell geregelt. Dabei wird bereits zu Beginn eines Bremsvorgangs das blockiergefährdete Rad im optimalen Schlupfbereich gehalten. Das nicht blockiergefährdete Rad erhält jedoch nur einen Teil der möglichen Bremskraft. Im weiteren Verlauf der Bremsung werden die Bremskräfte unter Zulassung einer gewissen Differenz angeglichen. Eine gute Kraftflußausnutzung bei ausreichender Fahrzeugstabilität wird auf diese Art erreicht. Dadurch kann sich der Fahrer bei einer Panikbremsung auf das ansteigende Gier- und Lenkmoment einstellen.

Die Hinterräder unterliegen bei diesem System der sogenannten Individualregelung. Jedes der beiden Räder wird je nach Fahrbahnbeschaffenheit optimal abgebremst. Die ABS-Regelung sieht vor, daß auch mit eingeschalteten Längs- und Quersperren, bei denen alle vier Räder mit gleicher Drehzahl angetrieben werden, durch regelungstechnische Maßnahmen bei einer Bremsung das Blockieren eines oder mehrere Räder vermieden wird. Das gilt besonders für unterschiedliche Fahrbahnreibwerte, wenn beispielsweise die Räder einer Fahrzeugseite auf Eis kommen, die der anderen auf griffiger Straßenoberfläche im Bremsvorgang befindlich sind.

Das Wabco-ABS ist zweikreisig aufgebaut. Tritt ein Fehler auf, so wird nicht das gesamte ABS abgeschaltet, sondern lediglich der defekte Kreis. Dabei wird die normale Bremswirkung an dem intakten Kreis aufrechterhalten, so daß jeweils an einem Rad der Vorder- und der Hinterachse diagonal die ABS-Funktion erhalten bleibt.

Das Wabco-Hydraulik-ABS ist als reines Vier-Kanal-System aufgebaut. Von einem induktiven Startsensor wird die Geschwindigkeit jedes Rades permanent erfaßt. In der Regelelektronik wird daraus eine Referenzgeschwindigkeit für das Fahrzeug erzeugt und anhand logischer Verknüpfungen die Regelsignale, welche zur Ansteuerung der Regelventile benötigt werden. Der Servozylinder verfügt über 6 Ventile. Jedem Fahrzeugrad ist jeweils ein Ein- und Auslaßventil zugeordnet. Die Bremskraft eines blockiergefährdeten Rades wird mittels der von der Elektronik übermittelten Signale geregelt.

Die Energieeinheit des Wabco-ABS besteht aus einer elektromotorisch angetriebenen Pumpeneinheit und einem zugeordneten Druckspeicher. Sie versorgen den Bremskraftverstärker mit Druckflüssigkeit. Bremskraftverstärker und Servozylinder sind zu einem Gerät zusammengefaßt.

4 Diebstahl-Sicherungssysteme

Rund 100 000 Diebstähle aus Kraftfahrzeugen sowie fast 40 000 Pkw-Komplettdiebstähle werden jährlich dem Verband der Autoversicherer HUK gemeldet. Was aus den Autos tatsächlich an Wertgegenständen entwendet wurde, erfaßt keine Statistik und wird durch die Versicherungen nur sehr begrenzt reguliert. Mittlerweile sind Diebstähle auch keinesfalls mehr ausschließlich auf Luxuslimousinen oder andere hochwertig ausgestattete Fahrzeuge beschränkt. Auch in kleineren und mittleren Autos befinden sich oft Wertgegenstände, die den Regulierungsbetrag der Hausratversicherungen, die bei Diebstählen aus dem Auto eintritt, bei weitem überschreiten. Bevorzugte Diebesbeute im besonderen sind bei Autoeinbrüchen heute vor allem auch hochwertige Autoradios. Hier gibt es bereits echte Spezialisten, die sich auf den Diebstahl ganz bestimmter Radiotypen spezialisiert haben. Nach Meinung von Kriminalbeamten arbeiten sie häufig auf Bestellung, und es wird vermutet, daß Hehler im gesamten europäischen Ausland an solchen Aktionen beteiligt sind.

4.1 Bosch- und Hella-Autoalarm-Systeme

Die Firma Bosch hat ein Autoalarm-System in ihrem Zubehörlieferprogramm, das in Verbindung mit zwei Ausbaustufen wirksamen Diebstahlschutz für das gesamte Fahrzeug bietet. Eine baugleiche Anlage wird auch von der Firma Hella vertrieben.

Die Grundstufen der Bosch-Autoalarm 1 und 2 bzw. der Hella-Autoalarm A und B bestehen aus einem Alarmhorn, einem elektronischen Alarmrelais, dem Alarmschalter sowie mehreren Kontaktschaltern. Die beiden Basisanlagen unterscheiden sich vor allem darin, daß die einfacheren Anlagen über einen im Fahrzeuginnenraum versteckt anzubringenden Scharfschalter verfügen, während die Basisanlagen 2 bzw. B durch ein zusätzlich abgesichertes Außenschloß mit Sicherheitsschlüssel scharfgestellt werden.

4.2 Bosch-Autoalarm 1 und Hella Autoalarm A

Die Anlage wird über einen versteckt im Innenraum einzubauenden «Geheimschalter» ein- bzw. ausgeschaltet. Der Schalter verfügt über einen Öffner- und einen Schließerkontakt. Beim Scharfschalten der Alarmanlage wird das Alarmrelais über den Schließerkontakt eingeschaltet. Gleichzeitig unterbricht der Öffnerkontakt die primäre Zündleitung zur Zündspule. Da sich der Alarmschalter im Fahrzeuginnenraum befinden soll, ist das komplette System erst 30 bis 60 s nach dem Einschalten scharf. Neben der Überwachung des Stromkreises sorgen Kontaktschalter für die Überwachung der Motor- und Kofferraumklappe. Ein Öffnen der Türen wird der Anlage über die mit dem Alarmanlagenstromkreis verbundenen, serienmäßigen Innenlicht-Kontaktschalter gemeldet. Eine Ruhestromüberwachung sorgt dafür, daß schon bei kleinsten Veränderungen der Ruhestromstärke der Alarm ausgelöst wird. Dies geschieht in Form eines intermittierenden akustischen Signals. In der Regel wird dazu im Motorraum eine spezielle Hupe untergebracht. Es ist aber auch möglich, das serienmäßige Signalhorn zu verwenden. Der Alarmton, der bei der Basisanlage A/1 nach einer Verzögerungszeit von 5 s ertönt, wird für etwa 30 s abgegeben. Ein längeres Alarmsignal läßt der Gesetzgeber nicht zu, um unnötige Ruhestörungen zu vermeiden. Bei jedem erneuten Diebstahlversuch setzt das Signal dann wieder ein.

Das Signal wird bei der Basis-Alarmanlage A/1 ausgelöst durch das Öffnen der Wagentüren, der Motorhaube und des Kofferraums oder beim Einschalten der Zündung. Zündung und Starter sind blockiert. Außerdem kann das System mit dem Autoradio verbunden werden, so daß auch hier ein Diebstahlversuch gemeldet wird.

4.3 Bosch-Autoalarm 2 bzw. Hella Autoalarm B

Sowohl die Bosch- als auch die Hella-Anlage werden durch ein zusätzlich abgesichertes Außenschloß mit Sicherheitsschlüssel scharfgemacht. Über diesen Alarmschalter wird das Alarmrelais/Schaltgerät am Eingang E (siehe Bild 4.1) eingeschaltet. Die Auslöseschaltung wird immer dann aktiviert, wenn ein entsprechendes Signal von den Anschlüssen

T− Türkontakt
T+ Innenleuchte/Türkontakt
S− Haubenkontakt
S+ Zündanlage/weitere Verbraucher
oder der Scharfschalter-Überwachung eingeht.

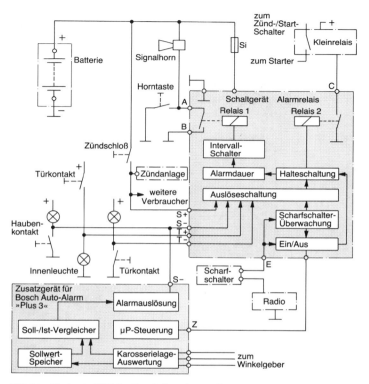

Bild 4.1 Blockschaltbild des Bosch-Autoalarm 2 (Bosch)

Am Anschluß E kann zusätzlich das Radio über den Scharfschalter angeschlossen werden. Wird der Scharfschalter ausgeschaltet, so werden auch die ausgelösten Signale sofort unterbrochen. Auch in der Stellung «Aus» löst ein Kurzschließen oder Unterbrechen der Zuleitungen zum Alarmschalter sofort den Alarm aus. Die Auslösung und zeitliche Begrenzung des Alarms ist unabhängig von der Betätigungsdauer der Schalter an den Eingängen. Nachdem das akustische Signal wieder abgeschaltet ist (das ist nach jeweils 30 s der Fall), ist jeder Eingang der Auslöseschaltung zur Auslösung dieses Signals erneut aktiviert. Im Intervallschalter löst das Ausgangssignal der Auslöse-

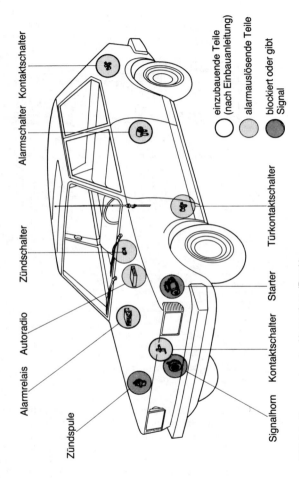

Bild 4.2 Komponenten der Alarmanlage (Bosch)

schaltung die intermittierende Ansteuerung des Relais 1 aus. An den Kontakten A und B wird vorzugsweise das Signalhorn angeschlossen. Zum Blockieren des Starters kann der mit dem Relais 2 verbundene Kontakt C verwendet werden, da das Relais 2 mit der jeweils ersten Auslösung eines Alarmsignals erregt wird und so lange angezogen bleibt, bis der Alarmschalter in Ruhestellung zurückgestellt wird. Der Anschluß Z schließlich ist für zusätzliche Alarmeinrichtungen und Erweiterungen vorgesehen.

4.4 Zusatz- und Erweiterungsanlagen zum Basis-Autoalarm

Neben den beiden unterschiedlichen Basis-Autoalarmanlagen bieten sowohl Bosch als auch Hella Erweiterungsanlagen an, die ausschließlich in Verbindung mit einer Basis-Alarmanlage funktionsfähig sind. Es handelt sich um den Bosch-Autoalarm «plus 3» / Hella Autoalarm C, einen elektronischen Rad- und Abschleppschutz sowie um den Bosch-Autoalarm «plus 4» / Hella Autoalarm D, die einen zusätzlichen Ultraschall-Innenraumschutz bieten. Auch hier wiederum sind die Anlagen beider Hersteller identisch.

4.5 Der elektronische Rad- und Abschleppschutz

Einige Autodiebe haben sich auf das Abmontieren teurer Räder, z.B. mit Leichtmetallfelgen, spezialisiert. Außerdem vermeiden andere eine Beschädigung des Fahrzeugs durch einen Einbruch, indem sie einfach das komplette Fahrzeug abschleppen oder auf einen Tieflader heben. Die Basis-Autoalarmanlage ist gegenüber diesen Diebstahlversuchen machtlos.

Beim elektronischen Abschlepp- und Radschutz speichert ein Computer nach dem Einschalten die augenblickliche Lage des Fahrzeugs und reagiert auf jede Lageveränderung. Berücksichtigt werden dabei Faktoren wie abschüssige oder seitlich geneigte Straßen oder auch das Parken mit einem Rad oder einer Achse auf der Bordsteinkante. Die Alarmauslösung erfolgt, wenn sich die beim Scharfmachen der Anlage gespeicherte Ausgangslage des Fahrzeugs verändert. Danach wird erneut eine Lagespeicherung vorgenommen und bei der nächsten Lageveränderung erneut ausgelöst. Toleranzgrenzwerte sorgen dafür, daß der Alarm noch nicht durch Wippen und Schaukeln des Fahrzeugs in üblichen Grenzen und extrem langsame Lageveränderungen, wie z.B. fallender Reifenluftdruck, ausgelöst wird.

In einem zusätzlichen, elektronischen Schaltrelais sind die Spannungsregelung (ein Multivibrator und Operationsverstärker) sowie ein Mikroprozessor, der als Sollwertspeicher und Soll-Ist-Vergleicher arbeitet, untergebracht. Induktive Sensoren für die Längs- und Querlage des Fahrzeugs, verbunden mit einem speziellen Winkelgeber, versorgen das Schaltrelais mit den nötigen Informationen.

4.5.1 Funktionsweise

Der Alarm wird ausgelöst, wenn eine über den Toleranzwerten liegende Lageveränderung vom elektronischen Schaltgerät registriert wird. Für die Auswertung der Lageänderung ist das Radschutzrelais verantwortlich, das ein entsprechendes Signal an das Alarmrelais der Basisanlage abgibt, die wiederum den Alarm auslöst. Im Winkelgeber befinden sich flüssigkeitsgedämpfte Pendel, die nach einer gewissen Einstellzeit immer die gleiche, durch die Schwerkraft bedingte Lage einnehmen. Durch eine Lageveränderung des Fahrzeugs wird die Induktivität der Geberspulen verändert. Diese Induktivitätswerte werden zur Lageinformation herangezogen. Die Parkstellung des Fahrzeugs wird nach dem Einschalten der Anlage von der Elektronik als Soll-Wert gespeichert. Das Schaltrelais vergleicht nun ständig diesen Soll-Wert mit dem jeweiligen Ist-Wert. Wird eine Veränderung, die die vorgegebenen Toleranzgrenzwerte (Ansprechschranke) überschreitet, vom Schaltrelais registriert, gibt das Relais ein Alarmsignal von etwa einer Sekunde Dauer an das Alarmrelais der Basisanlage ab. Dieses löst dann den Alarm aus. Gleichzeitig mit der Weitergabe des Alarmsignals vom Radschutzrelais zum Alarmrelais wird der neue Lage-Ist-Wert als aktuelle Sollage gespeichert. Eine weitere Lageveränderung löst damit auch wiederum einen Alarm aus.

4.6 Ultraschall-Innenraumschutz

Mit dieser Zusatzeinrichtung ist es möglich, den Fahrzeuginnenraum gegen ein Einschlagen der Scheiben, ein Aufbrechen des Schiebe- oder Cabrioletdachs oder das Eindringen unbefugter Personen zu verhindern. Die Anlage, sie heißt bei Bosch Autoalarm «plus 4» und bei Hella «Autoalarm D», besteht aus dem dreidimensionalen Ultraschall-Bewegungsdetektor und einer Auswerte-Elektronik. Die Auswerte-Elektronik muß wieder mit dem Alarmrelais der Basisanlage verbunden werden. Der Alarm wird ausgelöst, wenn das im Fahrzeuginnenraum durch den Ultraschall-Bewegungsdetektor aufgebaute Feld gestört wird.

Bild 4.3 Ultraschall-Innenraumschutz (Bosch)
Es bedeuten:
1 Ultraschallsonde mit Sender und Empfänger
2 Frontscheibe
3 Seitenfenster
4 Heckscheibe

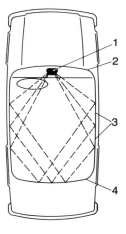

4.6.1 Funktionsweise

Piezoelektrische Schallgeber im Ultraschall-Bewegungsdetektor erzeugen im Innenraum des Fahrzeugs ein Ultraschallfeld mit Schallschwingungen über 20 kHz. Der Schallgeber oder Wandler besteht aus einer Kristallscheibe. Diese Kristallscheibe verändert unter Einfluß eines elektrischen Feldes ihre Dicke. Verwendet man darüber hinaus eine elektrische Wechselspannung, führt das Kristallplättchen mechanische Dickeschwingungen aus, die besonders dann kräftig sind, wenn die Eigenfrequenz des Plättchens mit der Frequenz der angelegten Wechselspannung übereinstimmt. Es entsteht Resonanz. Auf diese Weise wird elektrische Energie in Schallenergie gewandelt. Dieser piezoelektrische Wandler wird von einem Multivibrator mit Wechselspannung angesteuert. Daraufhin sendet die Kristallscheibe Ultraschallwellen mit einer Frequenz von etwa 40 kHz aus. Die Schallwellen, die von den Flächen der Kristallscheibe abgestrahlt werden, werden von den Flächen des Fahrzeuginnenraumes reflektiert und von einem zweiten Wandler empfangen. Dieser Empfänger muß nun erkennen können, ob die empfangenen Schallwellen von den Flächen des Fahrzeuginnenraums oder von einer eindringenden Person reflektiert werden. Hierzu unterscheidet die Anlage zwischen konstanter Frequenz und Amplitude und sich verändernder Frequenz und Amplitude. Wird das Ultraschallsignal nur von feststehenden Gegenständen reflektiert, sind Frequenz und Amplitude konstant, das Signal ist in einer bestimmten Phasenlage. Bewegliche Gegenstände dagegen erzeugen sich ändernde Phasenlagen, Frequenzen und Amplituden.

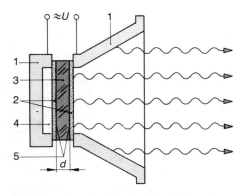

Bild 4.4 Aufbau eines Wandlers für elektrische Energie in Schallenergie, wie er für den Ultraschall-Innenraumschutz verwendet wird (Bosch)
Es bedeuten:
1 Metallring für Spannungszuführung
2 Elektroden (Metallbeschläge)
3 Kristallscheibe
4 Luft
5 Schallabstrahlflächen am Kristall

Die Veränderungen dieser Phasenlagen werden auch mit dem elektrischen Signal, das der Empfänger-Wandler erzeugt, weitergegeben. Der Empfänger-Wandler arbeitet im Vergleich zum Sender-Wandler genau umgekehrt. Hier werden die eingehenden Ultraschallwellen in ein elektrisches Signal umgewandelt. Ein HF-Verstärker im Ultraschall-Bewegungsdetektor verstärkt dieses Signal. Die Auswerte-Elektronik demoduliert das Signalgemisch, indem es die 40-kHz-Trägerfrequenz abspaltet. Hierzu dient ein Demodulator. Eine Empfindlichkeitseinstellung schwächt das übriggebliebene niederfrequente Signalgemisch auf ausreichende Empfindlichkeit ab. Das Signal wird dann weitergeleitet in einen Filterverstärker, der unzulässig hohe und tiefe Anteile im Signal herausfiltert, um Fehlalarme möglichst auszuschalten. Anschließend wird ein Schaltverstärker angesteuert, der durch seine eingestellte Schaltschwelle nur Signale über einem gewissen Pegel weiterleitet. Über ein Relais wird schließlich das Alarmrelais der Basisanlage angesteuert, wodurch der Alarm ausgelöst wird.

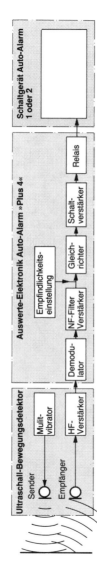

Bild 4.5 Blockschaltbild des Autoalarms mit Ultraschall-Innenraumschutz (Bosch)

4.7 Alarmanlagen für Motorräder

Noch einfacher als ein Auto aufzubrechen oder zu stehlen ist es für einen geübten Dieb, ein Motorrad zu entwenden. Die Lenkradschlösser sind in der Regel leicht zu überwinden. So ist es kein Wunder, daß über 100000 Motorräder, Mopeds und Mofas jährlich gestohlen werden. Neben anderen Herstellern bietet die Robert Bosch GmbH einen elektronischen Zweirad-Alarm an. Die Alarmanlage ist so konstruiert, daß sie hinter dem Kennzeichen befestigt werden kann. Das Motorrad wird abgeschlossen und die Alarmanlage mit einem zusätzlichen Schlüsselschalter scharfgemacht. Bei Alarm ertönen 30 s lang in kurzen Intervallen das serienmäßig eingebaute Horn und zusätzlich ein Summer in der Alarmanlage. Gleichzeitig werden weitere Sicherheitsfunktionen ausgelöst.

Insgesamt umfaßt das System sechsfachen Schutz. So wird der Alarm ausgelöst, wenn die Zündung eingeschaltet oder der Parkständer hochgeklappt wird. Versucht der Dieb die Batterie abzuklemmen, versorgt sich die Alarmanlage selbst mit Strom. Sollten Kabel der Alarmanlage durchtrennt oder Manipulationen am Alarmgehäuse vorgenommen werden, wird der Alarm ebenfalls ausgelöst. Darüber hinaus blockiert die Anlage die Zündung und verhindert somit ein unberechtigtes Starten der Maschine.

5 Radar-Abstandswarnung und -regelung

5.1 Range-Master-Einparkhilfe

Die Voest-Alpine AG Automobilelektronik GC-A aus Österreich bietet eine ultraschallgesicherte Einparkhilfe für das Rückwärtsfahren an.

Die Einparkhilfe besteht aus zwei Sensoren, die an der Rückfront des Fahrzeugs montiert werden, einem elektronischen Schaltgerät und einem Anzeigegerät. Überwacht wird bei Pkw wie auch bei Lkw die Rückwärtsfahrt in einem Fernbereich von 100 cm Abstand von einem Hindernis und in einem Nahbereich ab ca. 50 cm Abstand vom Hindernis.

Die Sensoren können auf oder unter der Stoßstange sowie an der Karosserie befestigt werden. Ebenfalls möglich ist eine Integration in die Stoßstange. Die mitgelieferten Winkelhalter werden am Fahrzeug an beliebiger Stelle befestigt. Danach sind die Sensoren (mit dem Firmenzeichen nach oben) zu montieren. Die Sensorkabel werden durch ein vorhandenes oder ein neu zu bohrendes Loch in den Kofferraum verlegt.

Die Anbringung der bereits vorverkabelten Zentraleinheit erfolgt an der Seitenwand im Kofferraum. Der Anschluß an das Bordnetz wird mittels der rot gekennzeichneten Ader der Zwillingsleitung vorgenommen. Sie wird mit der Pluszuführung des Rückfahrscheinwerfers mittels des beiliegenden Kabelverbinders verbunden. Die alternativ in Braun oder Blau ausgeführte Masseleitung wird direkt an Fahrzeugmasse, z.B. an der Rückleuchtenbefestigung, angeschlossen.

Der Anzeigeteil der Anlage kann beliebig angebracht werden. Es empfiehlt sich jedoch eine Anbringung im Heckbereich des Fahrzeugs, z.B. an der Heckscheibe, so daß die Anzeigeeinrichtung durch Blick in den Rückspiegel oder durch Zurückschauen des Fahrers sichtbar wird. Die Klebestellen an der Anzeigeeinheit und der Gegenfläche sind vor der Montage zu reinigen. Das Kabel des Anzeigeteils ist bis zur Zentraleinheit im Kofferraum zu verlegen. Die Stecker der Sensoren und Anzeigekabel sind in die dafür vorgesehenen und gekennzeichneten Buchsen der Zentraleinheit einzuführen.

Zur Funktionsprüfung ist die Zündung einzuschalten und der Rückwärtsgang einzulegen. Die grüne Kontrollampe des Anzeigegerätes

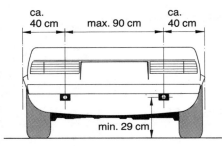

Bild 5.1
Montage der Sensoren für die Range-Master-Einparkhilfe (Gelhard-Technik)

muß nun aufleuchten und mit einem kurzen akustischen Signal anzeigen, daß der Range-Master betriebsbereit ist.

Bei fehlerhafter Montage, beispielsweise bei losen Steckerverbindungen, warnt der Range-Master mit einem dunklen Dauerton, daß er nicht betriebsbereit ist.

Der Erfassungsbereich des Range-Master kann ebenfalls geprüft werden. Bei eingeschalteter Zündung und eingelegtem Rückwärtsgang muß sich dazu ein Helfer von hinten dem Fahrzeug nähern. Bei einem Abstand von weniger als einem Meter gibt das Anzeigegerät einen Warnton ab, und die gelbe Warnlampe muß aufleuchten. Wird der Abstand auf weniger als 50 cm verringert, dann leuchtet die rote Warnlampe zusätzlich auf, und es ertönt ein Dauerton.

Die Erfassungswinkel der Sensoren können verändert werden. Bei waagerechter Montage der Sensoren zeigt das Gerät normal hohe Bordsteine nicht an. Sollen auch Hindernisse in Bordsteinhöhe erfaßt werden, kann dies durch leichtes Kippen der Sensoren erreicht werden.

Bei der Montage ist ferner zu beachten, daß die Sensoren über die äußeren Fahrzeugumrisse nicht hinausragen dürfen. Der Range-Master ist unter bestimmten physikalischen Bedingungen nicht in Funktion. So werden z.B. Schaufensterscheiben, die spitzwinklig angefahren werden, oder extrem glatte Dreikantstäbe nicht oder nicht rechtzeitig gemeldet. Der Fahrer kann deshalb nicht von seiner Sorgfaltspflicht beim Rückwärtsfahren durch die Montage eines Range-Master entbunden werden.

Die Range-Master-Rangierhilfe ist auch für die Montage an Lkw und Omnibussen geeignet. Bei der Montage der Sensoren am Fahrzeug ist darauf zu achten, daß diese mit den Kabelausgängen nach unten montiert werden und horizontal sowie parallel gleich zur Mittellinie des Fahrzeugs liegen. Die Kabel der Sensoren sind am Fahrgestell entlang nach vorn über den Fahrerhaus-Kippunkt bis zur Zentralelektrik zu führen. Das Elektronikgerät wird mit einem doppelseitigen Klebeband in der Zentralelektrik eines Lkws oder Busses befestigt. Danach werden die beiden DIN-Stecker, sie sind unverwechselbar ausgebildet, am Elektronikgerät angeschlossen.

Das rote Kabel des Elektronikgeräts ist am elektrischen Anschluß des Rückfahrscheinwerfers anzubringen, das blaue vom Elektronikgerät kommende Kabel muß an einem geeigneten Ort an Masse angebracht werden. Das Anzeigegerät ist auf dem Armaturenbrett an geeigneter Stelle, so daß es für den Fahrer sichtbar ist, anzubringen und das Kabel zur Zentralelektronik durchzuziehen.

Zur Prüfung der Funktion des Range-Master ist die Zündung einzuschalten und der Rückwärtsgang einzulegen. Während der Funktionskontrolle des Gerätes leuchten beide roten Kontrollampen kurzzeitig auf, und es ertönt ein Piepton. Danach verlöschen die roten Lampen, und die grüne Anzeigelampe signalisiert die störungsfreie Funktion. Gelangt ein Gegenstand oder eine Person in den Erfassungsbereich der Sensoren, so ist der Dauerpiepton hörbar, und beide roten Lampen leuchten auf. Bei einem eventuellen Defekt im Sensor oder bei einer Störung im Verkabelungssystem ertönt ein dumpfer Ausfallsignalton.

In einer weiteren Ausführung ist der Range-Master für Nutzfahrzeuge mit Anhängerbetrieb geeignet. Hier führt von der Zentralelektronik ein gesondertes Kabel zurück zur Anhängersteckdose am Zugwagen. Dieses Kabel ist über den Kippunkt des Fahrerhauses von der Zentralelektronik aus nach hinten zurückzuführen. Die drei vom Anzeigegerät kommenden DIN-Stecker sind am Elektronikgerät anzuschließen. Die Stecker sind unverwechselbar ausgeführt. Sodann sind die Befestigungslöcher für die Steckdose an geeigneter Stelle an einer Anhängertraverse zu bohren.

Nun muß der Anhänger ebenfalls mit einer entsprechenden Rangierhilfe ausgerüstet werden. Die hinteren Sensoren werden, wie für den Zugwagen beschrieben, montiert. Die Kabel sind am Fahrgestell entlang nach hinten zu führen in den Bereich, in dem die Anhängersteckdose montiert werden soll. Die Funktionsprüfung ist identisch mit der des Zugfahrzeugs.

Der Range-Master ist auf der Basis neuester mikrocomputergesteuerter Ultraschalltechnik entwickelt worden. Die Anlage besteht aus:

☐ Zentralelektronik mit Mikrocomputer, der die gesamte Steuerung und Überwachung der Anlage übernimmt;
☐ Sensoren (witterungsunempfindlich) mit integrierter Elektronik, die als Sender und Empfänger der Ultraschallwellen dienen;

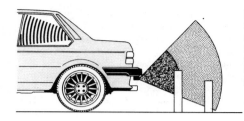

Bild 5.2
Ist das Hindernis weniger als 1 m entfernt, leuchtet die gelbe, ist es weniger als 0,5 m entfernt, leuchtet die rote Warnlampe (Gelhard-Technik)

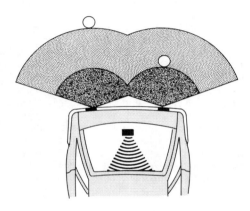

□ Anzeigeteil mit optischer und akustischer Warnung sowie automatischem Funktionstest und Betriebsanzeige;
□ Befestigungsset, das alle Befestigungsteile sowie Kabelverbinder enthält.

Der Range-Master entspricht den Fernmeldebestimmungen der DBP und darf gemäß der allgemeinen Genehmigung für Ultraschall-Fernmeldeanlagen vom 21. 12. 1981 von jedermann errichtet und betrieben werden. Eine allgemeine Betriebserlaubnis (ABE) nach § 22 StVZO ist nicht erforderlich. Der Range-Master hat am 18. 7. 1985 den Genehmigungsausweis vom TÜV-Rheinland erhalten.

Er ist für Versorgungsspannungen von 12 V bzw. 24 V Gleichspannung bei einer Stromaufnahme von max. 0,5 A ausgelegt. Er verfügt über einen integrierten Verpolungsschutz, seine Sendefrequenz beträgt ca. 30 kHz.

Stichwortverzeichnis

A
Abblendlicht 37, 39f.
Abschleppschutz 177
Airbag 28, 31, 33ff.
Akkumulator 162
Alarmanlage 25
Alarmhorn 173
Alarmrelais 173ff.
Alarmschalter 173ff., 177
Alarmsignal 174
Ansprechschranke 178
Antiblockiersystem 79, 166, 171
Antiblockiersystem-Sensor 170
Antriebsflüssigkeit 35
Antriebskegelrad 81
Aufprallgeschwindigkeit 33
Ausfallsignalton 185
Auslösesignal 28
Auswerte-Elektronik 178
Autoradio 59f., 173f.

B
Bandskalen 44
Batteriezündanlage 19
Belastungszustand 37
Beschleunigungsaufnehmer 33
Bit 65
Blinkanlage 10
Blinkfrequenz 10, 13f.
Blinkhellzeit 10
Blinkleuchte 9ff., 14
Blinkrelais 9ff.
Bremsdruckregler 143
Bremskräfte 77
Bremskraftmaximum 92
Byte 65

C
Check-Modus 43ff.

D
Dämpfungsventilkolben 162
Datenkompression 62
Datenspeicher 61f.
Dauerspeicher 63
Delta-Modulation 62
Demodulator 180
Diagnosecomputer 65
Diagnosegerät 65f.
Differenzspule 38
Digital-Analog-Wandlung 62
Diode 11, 83, 89
Display 45f.
Drahtwendel 10, 12, 14
Drehgeschwindigkeitssensor 163
Drehzahlaufnehmer 79
Drehzahlfühler 81, 83f., 92, 115, 120, 143, 145f., 148
Drehzahlregler 84
Drehzahlsignal 120
Drei-Kanal-Anlage 79, 83
Druckphase 94
Dualpumpe 19
Dunkelzeit 11f.

E
Eigendiagnose-System 63
Eigenentladung 41
Eingangsverstärker 120f.
Einsatzfahrzeug 25
Einschaltstromspitze 11
Elektrolytkondensator 16f.
Elektroventil 143ff., 146ff.
Empfänger-Wandler 180
Entladewiderstand 17
Entlüftung 167

F
Fahrerinformation 9
Fahrtrichtungswechsel 9
Feder-Masse-Schwingung 28

Feder-Masse-System 33
Fehlercode 65 f.
Ferritkern 38
Festtreibstoff 28
Filmspuleffekt 31
Fliehkraftprinzip 19
Flügelradpumpe 18 f.
Flüssigkeitsstandanlage 24

G
Gasgenerator 28, 33
Geberspannung 40 ff.
Geschwindigkeitssensoren 160
Großschaltkreis 84
Gummimembran 19
Gurtlose 27, 31
Gurtstrammer 28, 31, 33 ff.

H
Halbleiter 62
Hellphase 10
Hellzeit 11 ff.
Hf-Verstärker 180
Hochdruck-Energieversorgung 163
Horndrucktaster 27
Hörner 25
Hydraulikaggregat 163, 169
Hydraulikeinheit 160, 162
Hydroaggregat 79, 84 f., 87 ff., 92, 94, 115, 120 f., 143 f., 146 f., 170

I
Identifikationssignal 65
Impulsdauer 11 ff.
Impulspause 12
integrierte Schaltung (IC) 11 f., 33, 84, 120
Intervallautomatik 15
Intervallschalter 175

K
Kaltleiter 11
Kaltleiterwiderstand (PTC) 19
Key-Wort 65
Klemmaul 39
Kolbenpumpe 160
Kollisionsgeschwindigkeit 27
Kombirelais 122

Kondensator 11 f., 16, 41
Kontaktschalter 173 f.
Kontrollampe 10
Kontrollstufe 9, 27
Kugelventil 145

L
Ladespeicherung 177
Ladewiderstand 14, 17
Lautsprecher 59 f., 62
LED 67
Leistungsstufe 120
L-Jetronic 147

M
Magnetventil 79, 85, 89, 93 f., 97 f., 120 f., 160, 162
Mikrocomputer 60, 63
Mikroprozessor 121, 178
Modulbauweise 163
Multivibrator 9, 11 f., 15, 17, 27, 178 f.

N
Neigungsgrenze 37
Neigungstoleranz 37
Nf-Filter 60
Nf-Verstärker 60, 62

O
Operationsverstärker 178
Oszillator 38

P
Peripherie 43 f., 60, 97
PGM-FI 68
Phasenlage 179 f.
Phasen-Winkel-Manipulation 62
Platine 83 f.
Potentiometer 38, 40 f.
Prioritätsstufen 43
Prüfzyklus 31

R
Radabschleppschutz 177
Radbeschleunigung 92
Raddrehbeschleunigung 85
Raddrehbeschleunigungssignal 89
Radschlupf-Blockierneigung 85

Radsensor 163, 170
Radverzögerung 85, 92
Radverzögerungssignal 89
Raststein 39
Rauchstörung 60
RC-Glied 15f., 17
Referenzgeschwindigkeit 89, 121, 171
Regelsignale 120
Regelventil 171
Regelzyklus 121
Reibwert 77
Reizleitung 65f.
Relais 12, 15, 147f.
Rückförderpumpe 120, 122
Rückschlagventil 19, 24, 162
Rundumkennleuchten 27

S
Schallgeber 179
Schalttransistor 11
Scharfschalter 173, 175
Scharfschalter-Überwachung 174
Scheinwerferneigung 40f.
Scheinwerfer-Verstelleinrichtung 38
Schiebewiderstand 40f.
Schlupf 77, 84, 89, 92, 121, 143
Schlupfsensor 171
Schmelzsicherung 11
Schutzschaltung 11
Schwellenwerte 33
Segmente 44f.
Seitenführungskräfte 77, 79
Sender-Wandler 180
Sensor 60, 178, 183ff.
Sensorring 120
Servozylinder 171
Sicherheitsschaltung 85
Signalhorn 177
Silentblöcke 147
Silizium-Plättchen 84
Simulationsmodell 61
Sinus-Induktionsstrom 145
Sollwertaufnehmer 38
Sollwertspeicher 178
Spannungswandler 33
Sprachdaten 61

Sprachdatenermittlung 61
Sprachdurchsage 59
Sprachfilter 62
Sprachparameter 61
Sprachprozessor 60, 62
Sprachsignal 60
Starktonhörner 27
Startadresse 62
Startsensor 171
Stellglied 42
Steuerprozessor 60
Stromimpulsfolge 25
Stromlaufplan 42
Subtrahierschaltung 33
Systemüberwachung 28

T
Taktgeber 9
Taktverhältnis 12
Tandem-Hauptbremszylinder 79, 94, 97
Testzyklus 85f., 146
Toleranzgrenzwert 177
Tonfolgefrequenz 27
Trägerfrequenz 180
Transistor 10f., 83ff.

U
Überspannungsschutzrelais 87
Überwachungsschaltung 120f.
Ultraschall-Bewegungsdetektor 178ff.
Ultraschallfeld 179
Ultraschall-Innenraumschutz 177
Ultraschalltechnik 185
Ultraschallwellen 180
Unfallverhütungsvorschriften 34

V
Vakuumunterstützung 163
Ventilsteuereinheit 121
Verformungszone 27
Verzögerungskraft 33
Verzögerungssensor 28
Verzögerungszeit 174
Vier-Kanal-System 171

W
Warnanlage 24, 27
Warnblinkgeber 9, 27
Warnsignal 25
Wicklungswiderstand 11
Winkelgeber 178
Wischblätter 15
Wischermotor 15
Wischintervall 15
Wischpause 15

Z
Zahnradpumpe 18
Zener-Diode 147 f.
Zündpille 33
Zündspule 28

VOGEL Fachbücher

Service-Fibeln
für die Werkstatt-Praxis

Gräter, Horst
Kfz-Räder und -Reifen

Schadensursachen und -erkennung
200 Seiten, 155 Abbildungen
ISBN 3-8023-**0331**-8

Die beiden Service-Fibeln sind auf den Bedarf und das Verständnis des Praktikers in der Werkstatt abgestimmt. Ein umfassender Ratgeber für alle, die in irgendeiner Weise mit Kfz-Rädern und -Reifen zu tun haben, z.B. im Handel, bei Behörden, in der Ausbildung.
Der erste Band befaßt sich mit dem Aufbau und den Eigenschaften von Kfz-Rädern und -Reifen, mit Bauarten und gesetzlichen Vorschriften. Ausführlich werden Verschleiß- und Beschädigungsarten in Wort und Bild vorgestellt.

Unser neues Verzeichnis „Technik Fachbücher" erhalten Sie kostenlos!

Kasedorf, Jürgen
Service-Fibel für Karosseriereparatur und Lackierung

216 Seiten, 269 Abbildungen
ISBN 3-8023-**0325**-3

Werkzeuge, Verfahren, Richtsysteme, Meßmethoden, Lackieranlagen und -geräte sowie Arbeitsanleitungen für fachgerechtes Lackieren.

Gräter, Horst
Kfz-Räder und -Reifendienst

Schadensbehebung, Werkstattservice
ca. 250 Seiten, zahlr. Abbildungen
ISBN 3-8023-**0332**-6

Im zweiten Band folgt die Beschreibung aller Arbeiten zur Schadensbehebung: von der Montage/Demontage der Räder und Reifen über die Reparatur und Runderneuerung bis zur Beseitigung von Fehlern am Fahrzeug.

VOGEL Buchverlag
Würzburg

Postfach 6740, 8700 Würzburg

VOGEL Fachbücher

Jürgen Kasedorf
Service-Fibeln für die Kfz-Elektronik

Service-Fibel für Kfz-Elektronik Grundlagen
122 Seiten, 87 Abbildungen
2., völlig überarb. Aufl. 1987
ISBN 3-8023-**0335**-0
Was ist Elektronik, Grundlagen der Elektrizitätsleitung, Elektrizitätsleitung und Atomaufbau, Halbleiterbauelemente, Angewandte Elektronik im Kraftfahrzeug, Elektronik im Antriebsstrang, die Sicherheitselektronik, Sensoren, Elektronische Stellglieder, Datenbus u.a.m.
Eine Einführung in das Basiswissen, das zum Verständnis der im Kfz angewendeten elektronischen Systeme unerläßlich ist. In die Darstellung einbezogen sind auch künftige Entwicklungen.

Weitere Service-Fibeln in Vorbereitung:

★ **Service-Fibeln für Antriebselektronik im Kfz**
ISBN 3-8023-**0338**-5
★ **Komfortelektronik im Kfz**
ISBN 3-8023-**0339**-3
★ **Kommunikationselektronik im Kfz**
ISBN 3-8023-**0340**-7

Alle Service-Fibeln enthalten ausführliche Systembeschreibungen, Checklisten und Reparaturanweisungen.

Unser neues Verzeichnis „Technik Fachbücher" erhalten Sie kostenlos!

VOGEL Buchverlag Würzburg

Postfach 6740, 8700 Würzburg